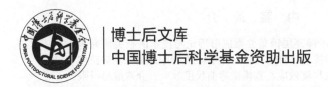

博士后文库
中国博士后科学基金资助出版

铜/镍复层箔塑性微成形
理论与技术

王传杰　著

科学出版社

北　京

内 容 简 介

　　本书系统阐述铜/镍复层箔塑性微成形理论与技术的相关研究内容，介绍塑性微成形技术的研究现状与背景意义、铜/镍复层箔微拉伸流动应力及断裂行为尺度效应、软模微弯曲尺度效应、介观成形极限尺度效应、微流道/双极板软模微成形有限元模拟与工艺实践研究。全书遵循理论与技术相结合，系统性、实用性与先进性相统一的原则，注重科学问题的阐述与学术表达，循序渐进、逐层深入、深入浅出、图文并茂、通俗易懂，以提高发现问题、分析问题、解决问题的能力为目的，在内容上尽量照顾到各种类型的读者需要，便于帮助读者理清铜/镍复层箔塑性微成形理论与技术的知识脉络体系。

　　本书可作为高等学校材料加工工程、机械工程专业高年级本科生、硕士及博士研究生的教学参考书，也可供从事塑性加工、微纳制造领域的科学研究人员、工程技术人员参考。

图书在版编目（CIP）数据

铜/镍复层箔塑性微成形理论与技术 / 王传杰著. —北京：科学出版社，2023.9
　（博士后文库）
　ISBN 978-7-03-076355-6

　Ⅰ. ①铜… Ⅱ. ①王… Ⅲ. ①铜-金属箔-塑性变形②镍-金属箔-塑性变形 Ⅳ. ①TG111.7

中国国家版本馆 CIP 数据核字（2023）第 176506 号

责任编辑：牛宇锋 / 责任校对：任苗苗
责任印制：吴兆东 / 封面设计：陈 敬

科学出版社 出版
北京东黄城根北街 16 号
邮政编码：100717
http://www.sciencep.com
北京厚诚则铭印刷科技有限公司印刷
科学出版社发行　各地新华书店经销

*

2023 年 9 月第 一 版　开本：720×1000　1/16
2024 年 1 月第二次印刷　印张：14 1/4
字数：271 000

定价：108.00 元
（如有印装质量问题，我社负责调换）

"博士后文库"序言

 1985 年，在李政道先生的倡议和邓小平同志的亲自关怀下，我国建立了博士后制度，同时设立了博士后科学基金。30 多年来，在党和国家的高度重视下，在社会各方面的关心和支持下，博士后制度为我国培养了一大批青年高层次创新人才。在这一过程中，博士后科学基金发挥了不可替代的独特作用。

 博士后科学基金是中国特色博士后制度的重要组成部分，专门用于资助博士后研究人员开展创新探索。博士后科学基金的资助，对正处于独立科研生涯起步阶段的博士后研究人员来说，适逢其时，有利于培养他们独立的科研人格、在选题方面的竞争意识以及负责的精神，是他们独立从事科研工作的"第一桶金"。尽管博士后科学基金资助金额不大，但对博士后青年创新人才的培养和激励作用不可估量。四两拨千斤，博士后科学基金有效地推动了博士后研究人员迅速成长为高水平的研究人才，"小基金发挥了大作用"。

 在博士后科学基金的资助下，博士后研究人员的优秀学术成果不断涌现。2013 年，为提高博士后科学基金的资助效益，中国博士后科学基金会联合科学出版社开展了博士后优秀学术专著出版资助工作，通过专家评审遴选出优秀的博士后学术著作，收入"博士后文库"，由博士后科学基金资助、科学出版社出版。我们希望，借此打造专属于博士后学术创新的旗舰图书品牌，激励博士后研究人员潜心科研，扎实治学，提升博士后优秀学术成果的社会影响力。

 2015 年，国务院办公厅印发了《关于改革完善博士后制度的意见》(国办发〔2015〕87 号)，将"实施自然科学、人文社会科学优秀博士后论著出版支持计划"作为"十三五"期间博士后工作的重要内容和提升博士后研究人员培养质量的重要手段，这更加凸显了出版资助工作的意义。我相信，我们提供的这个出版资助平台将对博士后研究人员激发创新智慧、凝聚创新力量发挥独特的作用，促使博士后研究人员的创新成果更好地服务于创新驱动发展战略和创新型国家的建设。

 祝愿广大博士后研究人员在博士后科学基金的资助下早日成长为栋梁之才，为实现中华民族伟大复兴的中国梦做出更大的贡献。

中国博士后科学基金会理事长

前　　言

《铜/镍复层箔塑性微成形理论与技术》是作者主持完成的国家自然科学基金面上项目"铜/镍复层薄板介观尺度塑性变形行为及微成形机理研究"(51875126)、中国博士后科学基金特别资助项目"镍铜复层箔板精密塑性微成形尺度效应微观机理研究"(2017T100238)和山东省重点研发计划项目"燃料电池复层薄板金属双极板复合软模成形技术及装置研发"(2016GGX103021)学术研究成果的集中体现。本书强调理论联系实际，在撰写时遵循循序渐进的原则，注重科学问题的阐述与学术表达，力求清晰阐述铜/镍复层箔塑性微成形理论与技术的知识脉络体系。

全书共分 8 章。第 1 章绪论，简要介绍塑性微成形技术的研究背景及其尺度效应问题研究现状；第 2 章介绍铜/镍复层箔微拉伸流动应力尺度效应；第 3 章介绍铜/镍复层箔微拉伸断裂行为尺度效应；第 4 章介绍铜/镍复层箔软模微弯曲尺度效应；第 5 章介绍铜/镍复层箔成形极限尺度效应；第 6 章介绍铜/镍复层箔微流道/双极板软模微成形有限元模拟；第 7 章介绍铜/镍复层箔微流道软模微成形工艺；第 8 章介绍铜/镍复层箔双极板软模微成形工艺。

本书由哈尔滨工业大学(威海)材料科学与工程学院王传杰负责总体撰写，哈尔滨工业大学(威海)材料科学与工程学院材料工程系张鹏、朱强、王海洋、薛韶曦、耿芳芳、王一斌、王淑婷以及材料科学系陈刚参与撰写。本书在撰写过程中，参引了本领域著名专家学者的著作及研究资料，在此表示衷心感谢！本书在出版过程中，得到了中国博士后科学基金和科学出版社的大力支持，在此致以诚挚谢意！

由于作者水平所限，书中不妥之处，敬请读者指正。

作　者

2022 年 8 月

目　录

第1章 绪　　论

1.1　研　究　背　景

微系统是一个包含微机电系统(MEMS)器件，面向完成特定工程任务而设计的工程系统[1]。微系统技术(MST)研究尺度处于微/纳米尺度，属于多技术和多学科交叉的前沿研究领域。正如美国北卡罗来纳州科研三角园主任克伦·马卡斯所说："微系统将像塑料一样到处都用，像细菌一样无孔不入"[2]。微系统凭借其诸多优点广泛应用于航空航天、汽车、医疗、环境、能源等各个领域。微小型发动机、微小型导航系统、微小型推进系统、微小型热控系统和微型燃料电池等都是微系统在各行各业的典型应用[3,4]。在微系统中，除了电子组件之外，还包括各种微细插槽、主框架等微纳器件[5]。微纳器件因其具有微型化、高性能、批量化、低成本等特点，在航空航天、汽车、医疗、环境、能源等领域应用广泛[6-8]。但是传统的宏观成形工艺和传统单层薄板无法适应微系统对微纳器件的高性能、高标准、高产量的要求，这加速了新成形工艺和新材料的创新和发展。对于新工艺，微成形工艺是最有发展前途的微纳器件制造工艺之一，具有高效率、高精度、低成本等优点[9]，在微电子领域应用广泛[10-12]。然而，尺度效应现象是限制薄板的微成形工艺进一步发展的关键问题。尺度效应现象是塑性变形、摩擦和断裂行为等材料性能表现出明显受试样几何尺寸或特征尺寸参数影响的现象[13-15]。近三十年来，针对单层金属薄板的尺度效应问题国内外学者已经开展了大量的研究。在单层金属薄板成形中的流动应力、塑性变形和摩擦及断裂行为等方面形成了较成熟的理论[16-19]，对于接下来的研究方向，如何精准预测甚至避免薄板微成形工艺中尺度效应的不可控性成为目前的研究热点。我国明确了研发高端金属结构材料(包括复层材料)，构建国际竞争新优势的目标，并以成形制造一体化为发展方向[20]。具有微结构的薄板零件作为微纳器件中的关键零件必须具备优异的综合性能及特有属性，同时也要满足微成形工艺的成形性要求，这促使微结构不断微型化的同时向多材料及多级结构复合化、结构与功能/智能耦合一体化发展。复层金属材料通过综合各组元材料优势获得期望的机械、物理和化学性能，能够有效提高金属材料强韧化，从而具备良好的综合性能[21-25]。复层金属材料已被广泛应用于汽车、航空航天、电气、医疗器械、燃料电池等工业领域。在微系统对于微纳器件的高性能的推动下，加速复层箔在微成形工艺中的快速应用将成为未来的研究热点。

目前对于复层金属材料的研究集中在微观组织调控和结构复合化方面[26-28]，对于复层金属材料的强化机制进行了广泛研究[29-31]，但是对于其在成形过程中的塑性变形行为和断裂失效行为的研究较少，尤其是微型化带来的尺度效应在复层金属薄板塑性变形及成形过程中的作用尚不明确。对于复层金属薄板，不同金属层之间尺度效应的共同作用、界面层引起的界面效应以及异层表面粗化演化的异质性对其机械性能和变形行为耦合影响尚未形成系统的理论。另外，针对于复层金属薄板断裂失效行为的研究很少，其失效过程和成形极限尚未系统阐述。薄板的失效行为和极限变形能力决定工件设计和成形过程[32]，这方面研究的匮乏限制了复层金属微结构和微特征的成形。自由表面效应引起的复层箔软化效应与界面效应引起的复层箔强化效应耦合作用使得其介观尺度塑性变形行为及成形规律变得更加复杂，这些都是复层箔微型构件精确成形需要迫切解决的关键难题，因此开展有关复层箔介观尺度塑性变形行为及微成形机理的研究具有重要的理论意义和实践应用价值。

1.2　流动应力尺度效应研究现状

在微成形中，多种因素同时且交互地影响材料的变形行为、工艺性能和微成形零件的质量。这些因素包括坯料的原始机械性能和微观结构、微成形零件的几何形状和尺寸、工艺参数配置以及变形条件等。工件表面质量[33,34]、晶粒尺寸[35,36]、工件尺寸[37]和零件特征尺寸[38]都会影响微成形工艺和系统的行为和性能。但是由于不同尺度效应之间的相互作用和相互影响非常复杂且难以探索，对尺度效应的理解仍然不足。因此，深入了解微成形中的尺度效应有助于微成形零件的设计、微成形工艺的确定以及工艺参数的配置。

对于薄板微成形，尺度效应产生的原因是工件和晶粒尺寸降低的结果。大量研究证明，尺度效应对材料流动应力、变形均匀性、断裂行为、摩擦现象、表面粗糙化、尺寸精度以及微成形零件性能有明显影响。

介观尺度材料流动应力影响微型构件工艺参数确定、模具结构设计以及微型零件的几何和尺寸精度。晶粒尺度效应在宏观和微观尺寸的试样中都会发生，而试样几何尺度效应仅在试样厚度方向少于 10 个晶粒时表现明显[39]。但是，实际上这两个尺度效应相互作用共同影响材料的变形行为。随着晶粒尺寸的增大和试样厚度的减小流动应力呈现降低趋势。Stölken 等[40]研究了退火镍箔的微拉伸塑性变形行为，结果显示试样的流动应力随着试样厚度减薄而明显降低。Keller 等[41,42]在纯镍薄板的单向拉伸实验中也发现了相同的规律，当厚度小于约 4 个晶粒时，流动应力倾向于偏离 Hall-Petch 方程(图 1.1)。Meng 等[43]研究了几何尺寸和晶粒尺寸对材料流动行为的耦合效应，实验结果表明，随着试样厚度与晶粒尺寸比例的降低，材料流动应力、断裂应力和应变减小。Chen 等[44]研究了试样尺寸和晶粒尺寸对银微丝抗拉强度的耦合效应，验证了试样直径与晶粒尺寸之比小于 3 时存在强化效应。此外，Dhruv 等[45]对黄铜薄板的拉伸实验、Lederer 等[46]对纯铝薄板的单向微拉伸实验、Gau 等[14]对 Al1100 和黄铜材料的单拉和弯曲实验、Kals 等[47]对铜镍合金 CuNi18Zn20 和黄铜合金 CuZn15 片材的拉伸实验、孟庆当等[48]对 SS304 不锈钢的单向拉伸实验、Chan 等[36]对纯铜薄板的单向拉伸实验、Chan 等[49]对 Al6061 的压缩实验等都出现了类似的越小越弱的尺度效应现象。这些现象说明当金属薄板的厚度降低到某一临界值时，材料的强度不再只受晶粒尺寸的影响，几何尺寸和晶粒尺寸将共同影响板材的流动应力。

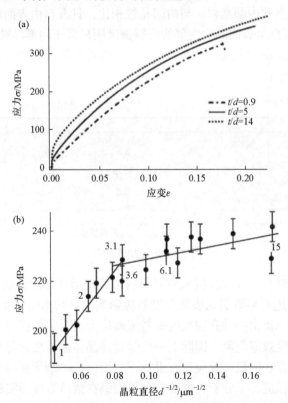

图 1.1 (a) 不同厚度与晶粒尺寸比值(t/d)样品的拉伸实验的应力-应变曲线[41]; (b) Hall-Petch 关系[41](图中数字为 t/d)

目前基于不同的理论模型已经建立了大量的流动应力尺度效应本构模型，包括对经典 Hall-Petch 关系的修正[50]、晶界强化模型[51]、混合模型[52]以及表面层模型[53,54]。Kim 等[55]将 t/d 比值引入 Hall-Petch 定律，以预测尺度效应影响的流动应力。Wang 等[56]引入 t/d 修正 Swift 方程中的强度系数 K 值，K 值表示为关于 t/d 的函数，成功预测了 t/d >4 的试样的流动应力。Leu[57]根据位错堆积理论和 Hall-Petch 关系，提出了在拉伸流动应力中区分大尺度与小尺度的临界条件$(t/d)_c$，通过考虑 t/d 建立了尺度效应模型，能够准确、有效地模拟板料从微观到宏观的拉伸流动应力。Liu 等[51]基于混合法则建立了晶界强化模型。Chan 等[36]将表面晶粒和内部晶粒分别简化为单晶体和多晶体引入表面层模型中，构建了介观尺度材料本构模型。表面层模型合理地描述了流动应力尺度效应现象，被大多数学者广泛接受。该模型认为：当工件厚度较大且晶粒尺寸较小时，工件横截面中的晶粒数量大且表面晶粒的体积分数较小；当工件厚度减小至微米级而且晶粒尺寸较大时，只有很少的晶粒构成了工件，表面晶粒的体积分数急剧增加。表面层模型将试样分为自由表面和内部晶粒。与内部晶粒相比，具有自由表面的晶粒受到约束较弱。因此，具有自由表面晶粒内部的位错密度明显低于内部晶粒的位错密度[58]，并且表面晶粒的流动应力较低[52]。流动应力的降低归因于表面层晶粒体积分数的增大，如图 1.2 所示。

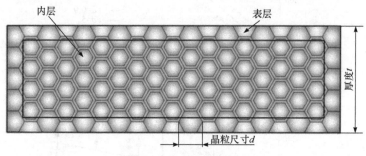

图 1.2　表面层模型[51]

定量化建模对分析介观尺度效应对材料塑性变形规律的影响至关重要。Kim 等[59]提出将晶粒边界参数引入表征尺度效应影响的材料本构模型中。Peng 等[60]基于表面层模型，提出一种介观尺度材料流动应力混合本构模型，较好地解释了材料介观本征尺度效应现象。国际上一些学者将晶体塑性理论与有限元相结合，对微成形过程中存在的尺度效应现象进行了分析。Cao 等[61]利用晶体塑性有限元方法对微成形过程进行了分析，成功预测了纯铜在微挤压成形实验中出现的弯曲现象。Fülöp 等[62]利用晶体塑性理论模拟和实验研究分析了金属薄板单向拉伸塑性变形过程中的表面效应对其塑性变形行为影响的尺度效应问题。Chan 等[63]通过微挤压实验和有限元建模对比分析了不同晶粒尺寸纯铜材料的塑性变形规律，成功验证了微挤压中随着晶粒的增大而出现的不规则变形现象。这些学者从介观尺度下材料的晶粒结构特点角度出发，通过有限元分析验证了表面层模型的合理性和正确性。

1.3 断裂行为尺度效应研究现状

从过程和系统性能的角度来看，尺度效应会影响变形载荷、成形系统的稳定性、产品质量、尺寸精度、机械性能以及变形的微零件的表面光洁度。尽管已经开展了很多材料变形行为的研究，但是由于不同尺度效应之间的相互作用和相互影响非常复杂且难以探索，对尺度效应的理解仍然不足。因此，深入了解微成形中的尺度效应有助于微成形零件的设计、微成形工艺的确定以及工艺参数的配置。多晶材料是由大量具有随机取向的单个晶粒组成的，当材料内部晶粒数量较小时材料整体上表现出明显的各向同性。当零件特征尺寸处于亚毫米量级或材料晶粒尺寸较大时，变形区内晶粒数量较少，单个晶粒的变形特性对其成形性能的影响愈加明显，极易导致非均匀变形现象的发生。目前，大多学者主要通过有限元模拟来分析薄板的非均匀塑性变形行为及其影响机理。

Peng 等[64]构建了考虑晶粒取向及其演化的本构模型，采用 Voronoi 镶嵌法建立了描述晶粒结构的模型进行有限元模拟，研究了微/细观成形过程中与晶粒取向有关的尺度效应。结果表明，晶粒尺寸的增大导致变形区晶粒数减少，单个晶粒之间的相互约束减少，非均匀变形更加严重，导致表面粗糙度的增加，如图 1.3 所示。在 Hall-Petch 方程的基础上，考虑了晶粒取向及其演变的影响，建立了流动应力的本构模型，实验结果证明晶粒取向对流动应力有显著影响。Wang 等[65]建立了柔性微弯过程的有限元模型，在该模型中，用 Voronoi 镶嵌法建立了晶粒几何结构来描述多晶聚集。Fülöp 等[62]报道了一种基于有限元模拟的晶体塑性模型，用于研究超薄薄板的成形。模拟结果证实了该方法的可靠性，并能较好地预

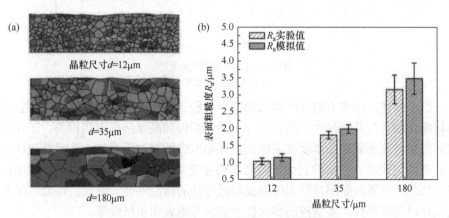

图 1.3 有限元模拟结果的表面形貌分析[64]

(a) 变形后自由表面形貌；(b) 变形表面粗糙度

测随晶粒尺寸或板厚变化的力学性能。此外，Adzima 等[66]还采用唯象建模方法和晶体塑性有限元法(CPFEM)研究了尺度效应。金属薄板介观尺度塑性变形行为从实验到理论再到有限元模拟已经得到了较充分的研究，其中晶体塑性有限元模拟能够帮助理解尺度效应影响下的薄板的变形行为，这为研究金属薄板介观尺度断裂失效行为做了很好的铺垫。

不同取向表层晶粒之间的相互作用能够加剧微零件的表面粗糙度[44]。表面粗糙反过来还会影响到晶粒的塑性变形行为。晶粒是在特定的滑移系统中通过滑移而变形，相邻不同晶粒因具有不同的晶体学取向，导致相邻晶粒之间发生塑性变形的先后顺序及变形程度存在差异[67]。具有自由表面的晶粒受到的约束较弱，因此应变不相容性使晶粒垂直于表面运动，而且由于晶界限制变形作用，导致试样表面凸凹结构的形成。

Leu 等[68]表示根据观察到的塑性变形过程中表面微观组织的变化，表面粗糙度是由于晶粒或部分晶粒的剪切作用将其从自由表面推出而引起的，如图 1.4 所示。Al-Qureshi 等[69]研究了表面粗糙度对塑性不稳定性和颈缩开始条件的影响。Dai 等[70]研究了铝板塑性变形过程中的表面粗糙化机理，发现薄板表面粗糙度与塑性变形和晶粒大小成正比。Meng 等[43]通过对 Cu 薄板的单向拉伸实验发现随着 t/d 的减小，自由表面粗糙化使得表面不均匀性增加，并且当表面粗糙度达到与厚度同一数量级时，其对流动行为和材料延展性的影响相当大。Suh 等[71]和 Romanova 等[72]对 Al 板的单向拉伸实验也发现了相似的现象。Abe[73]提出了一种表面粗糙化模型，通过引入单个晶粒的各向异性系数来描述多晶金属的塑性变形。

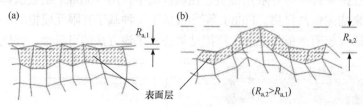

图 1.4　自由表面粗糙度[68]

(a) 变形前；(b) 变形后

综上所述，厚度方向晶粒数目的减少加剧了薄板的变形不均匀性。薄板的表面粗糙化效果与几何尺寸、晶粒尺寸、晶体织构和晶体结构密切相关。工件自由表面的粗糙度随着样品厚度方向的变形和晶粒数的减少而增加，从而导致样品厚度的不均匀性[56]。粗糙的表面可能会导致应变局部化，降低成形极限，增加模具与工件之间的界面摩擦并削弱所形成的微零件的机械性能。因此，在微成形系统的设计以及微零件的质量控制和保证中必须考虑表面粗糙效果。

基于尺度效应对薄板表面粗糙度的研究可以看出，金属薄板在晶粒水平本质上是不均匀的，显微结构的异构性使得应力和应变场从变形开始就已经不均匀，这就自然导致应变集中、局部剪切带、不同的应力集中和损伤成核，这进一步影响了金属薄板的断裂失效行为以及表面粗糙度。这种效应在厚板中可以忽略，但对于薄金属片的变形更为明显，因为在厚度中有限的晶粒数量使得几何特征和微观结构尺度效应之间产生强烈的相互作用。因此，在小型化设备中，晶粒尺度的异质性可能会导致结构稳定性的丧失。材料微观结构和几何特征(如厚度和自由表面)的耦合作用导致的晶粒尺度效应和非均质性对金属多晶在微成形过程中的塑性失稳和破坏至关重要，因此需要深入地理解和进一步地研究。

Chan 等[63]通过对铜箔的微拉伸实验发现，断裂应力、断裂应变及微孔的数量随着试样厚度与晶粒尺寸的比值(t/d)的增大而降低。同样，Yang 等[74]通过对铜箔的微拉伸实验发现 t/d 的降低使得铜箔的断裂模式由正常拉伸断裂向纯剪切破坏转变。这分别是由于晶粒内部位错活动与表面位错活动之间的相互作用和激活滑移系的降低导致的。Zhang 等[75]采用晶体塑性有限元(crystal plosticity finite element, CPFE)方法模拟了不同 t/d(λ)的薄板在拉伸变形过程中的变形过程。他们指出，随着板厚和 t/d 减小，变形不均匀性加剧，应变局部化进一步发展为剪切带，最终导致剪切断裂。Mcng 等[76]为了进一步了解微尺度断裂机理，将实验结果与 CPFE 模拟结果进行对比，如图 1.5 所示。他们认为，剪切带在遇到晶界时可以沿晶界传播，有利于承受变形。因此，当局部颈缩发生时，由于存在大量的局部剪切带，具有高 t/d 的金属箔的变形过程可以继续进行。随后应变集中在几个主剪切带上，进一步发展为裂纹，断裂机理呈现典型的拉伸断裂形态。低 t/d 的金属箔，由于晶界的减少，局部剪切带的数量减少，有利于剪切带传播的晶界较少，不利于金属箔的均匀变形。当沿厚度方向只有一两个晶粒时，观察到横穿试样厚度的剪切带，剪切带几乎不能沿着晶界传播。因此断裂提前发生，沿剪切带方向形成刀口断口。低 t/d 的金属箔的变形行为倾向于单晶而非多晶，断裂机理转变为剪切断裂。Furushima 等[77]发现，铜箔单向拉伸实验中断裂应变随试样

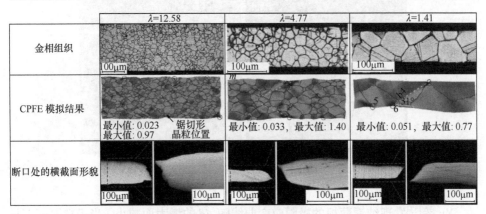

图 1.5 实验结果与晶体塑性有限元模拟结果对比[76]

厚度的减小而急剧下降，并且断口处的断裂韧窝也逐渐消失。他们着重研究了单轴拉伸状态下的颈缩，特别是扩散颈缩的发生，如果试样伸长超过极限强度，则开始扩散颈缩。当扩散颈缩发生时，小空隙开始在扩散颈缩区域内成核，对于很薄的金属箔，不能观察到扩散颈缩现象。

　　Zhao 等[78]通过单向拉伸实验发现超细晶和粗晶铜箔的试样尺度效应影响其断裂行为。结果表明，颈缩趋势的变化是由试样的几何形状决定的，更确切地说，是由厚度与宽度的比值决定的。较薄的试样更容易发生剪切破坏，在较薄的试样中，由于剪切断裂而产生细长的韧窝，而在较厚的试样中，由于正常断裂而产生圆形韧窝。Besson 等[79]研究了几何尺寸对裂纹萌生和扩展的影响，他们发现随着试样尺寸的减小，极限应变的分散愈发明显。Fang 等[80]研究了尺度效应对磷青铜板的断裂机理的影响，他们发现微韧窝的数量随着 t/d 的减小而减小。当 $t/d > 1$ 时，韧窝均匀分布于断口表面，表现出较大的韧性断裂趋势，如图 1.6 所示。当 $t/d < 1$ 时，断裂面面积较大，易发生脆性断裂。因此，$t/d \approx 1$ 可视为韧性断裂与脆性断裂的分水岭，这一比值成为材料断裂模式的决定性因素。Joo 等[81]探究了冲压过程中的尺度效应，发现沿厚度方向只有少量晶粒时，不会发生裂纹萌生和扩展引起的常见韧性断裂。相反，剪切变形成为主要的断裂形态。Vollertsen 等[82]研究了特征尺寸对铝薄板的失效行为的影响，结果表明，特征尺寸的降低加剧了薄板的变形非均匀性，断裂失效位置随机发生而不局限于试样中心部位，这与特征尺寸大的铝板的断裂过程存在明显的差异性有关。

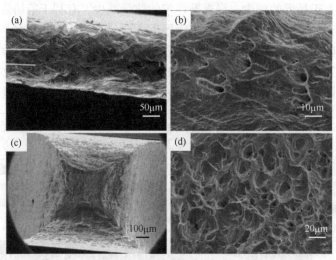

图 1.6　铜板断裂表面形貌[80]

(a) (b) 250μm；(c) (d) 2100μm

Xu 等[83]发现纯铜薄板的极限应变曲线随 t/d 的增大而减小，当板料厚度上只有一到两个晶粒时，单个晶粒不同的变形行为会影响成形极限断口微孔数。当厚度上只有一个晶粒或两个晶粒时，观察到刀口断裂，很难发现微孔。同时，应变在塑性变形初期趋于局部化，出现非均匀变形。通过引入尺寸因子，修正了 Oyane 断裂准则，建立了考虑尺度效应的成形极限模型。Chan 等[15]开展的微挤压工艺显示，当薄板进入微尺度时厚度方向只有少量晶粒，各向异性晶粒特性显著，局部变形不合理。而且与宏观挤压过程相比，微挤压过程中界面摩擦较大。界面摩擦、微尺寸材料塑性性能、晶粒尺寸和零件尺寸对变形载荷和微成形零件几何形状有交互作用。

Meng 等[43]发现纯铜箔单向拉伸实验过程中断口表面韧窝数量随着试样厚度与晶粒尺寸之比的降低而急剧减少，随着试样厚度与晶粒尺寸之比的减少纯铜箔的断裂模式也由原来的拉伸韧性断裂转变为纯剪切断裂，如图 1.7、图 1.8 所示。进一步研究发现，拉伸断裂应力并不是随着试样厚度与晶粒尺寸之比减少而简单等比例减小，板厚为 0.2mm 的试样拉伸断裂前并未发生颈缩，而厚度为 0.6mm 的试样拉伸断裂时才发生颈缩。

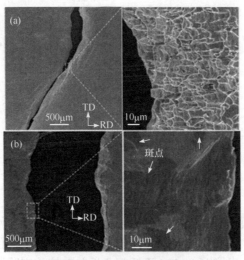

图 1.7　纯铜箔板断口形貌[43]
(a) 600℃，400μm；(b) 600℃，200μm

Zhao 等[84]对纯铜进行研究发现，随着试样厚度的增加或拉伸试样的标距长度的减小，断裂应变会增加。Joo 等[81]发现在微冲压过程中，当试样厚度方向晶粒降低到只有一个或几个时，断裂主要以剪切塑性变形为主，并未发生传统多晶材料断裂时出现的微裂纹形核扩展等过程。Chan 等[15, 49]通过试样厚度方向仅有几个晶粒的纯铜箔单向拉伸实验，发现试样厚度与晶粒尺寸之比对其流动应力、断裂应力、断裂应变和断面微孔数量等影响较大，断裂表面微孔数目随着试样厚度与晶粒尺寸之比的降低而降低，如图 1.9 所示为 t/d 值与断裂应力和断裂应变的关系示意图。

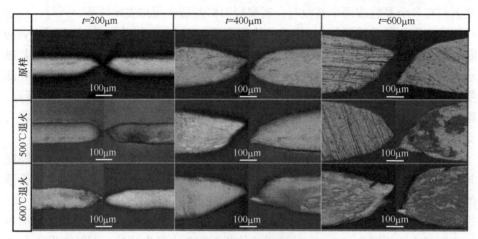

图 1.8　单向拉伸断口金相微观组织[43]

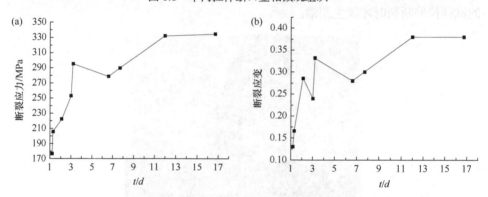

图 1.9　断裂应力、断裂应变随 t/d 变化规律[15]
(a) 断裂应力；(b) 断裂应变

　　周健[85]对纯铜箔和黄铜进行拉伸时发现，当箔材厚度小于 40μm 时为剪切滑移分离断裂，当箔材厚度大于 40μm 时为微孔聚集型断裂，且延伸率随着晶粒尺寸增大而增加。倪大龙[86]通过 304 不锈钢薄板单向拉伸实验发现当试样厚度方向仅有一到两个晶粒时，材料的塑性变形从复杂的多晶体协调变形逐渐趋向单晶滑移变形，断面整体呈现韧性断裂，有明显的单晶滑移痕迹，且无明显孔洞存在，如图 1.10 所示。唐翠[87]通过基于扫描电子显微镜(SEM)的纯钛原位单向拉伸实验发现，随着宏观应变量增加晶界隆起和滑移带愈加明显。

　　综上所述，大量的研究证明尺度效应的存在加剧了薄板变形不均匀性和增大了表面粗糙度，粗糙的表面可能会导致应变局部化，从而降低成形极限，增加模具与工件之间的界面摩擦并削弱成形微零件的机械性能。尺度效应使得薄板断裂

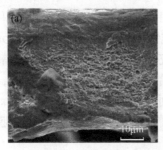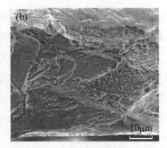

图 1.10　100μm 试样不同晶粒尺寸下拉伸断口形貌[86]

(a) 晶粒尺寸 52.48μm；(b) 晶粒尺寸 80.13μm

失效行为发生显著变化，尤其是当厚度方向只有少数晶粒时，薄板的断裂机理由韧性断裂向单晶滑移断裂转变，这使得薄板断裂行为为取决于单个晶粒的变形而降低其可预测性，因此薄板的成形极限也受到尺度效应的限制。目前为止，针对复层箔的断裂失效行为的研究较少，而且双层金属材料属性不同及界面层的存在使得复层箔的断裂机理更加复杂。因此开展尺度效应在复层箔断裂失效行为中作用规律的研究，对于深入理解复层箔断裂机理并进一步开展成形极限研究有重要意义。

1.4　微弯曲回弹尺度效应研究现状

至今为止，已有大量的研究探索了薄板微弯曲过程。王春举等[88]通过 C2680 黄铜箔三点微弯曲正交实验，发现弯曲回弹量随着板料厚度或相对弯曲半径增加而增加。王匀等[89]研究了摩擦条件、弯曲角和成形速率对薄板微弯曲回弹的影响规律(图 1.11)。材料热处理后能显著降低材料回弹率，甚至负回弹。无润滑、液体润滑、固体润滑方式改变导致回弹量逐渐降低。回弹率在弯曲角 60°到 90°范围内基本保持不变；回弹率随着成形速度增加而逐渐增加。Chan 等[36]研究了引线框的微弯曲回弹的影响因素。Gau 等[14]通过黄铜薄板三点微弯曲实验发现回弹量与厚度和厚度与晶粒尺寸之比(t/d)密切相关。他们研究了纯铝薄板弯曲时的回弹，发现随着板材厚度增加，凹模弯曲角增加，回弹减少[90]。他们还发现当 $r/t<2$(r 为弯曲半径，t 为板材厚度)时，用弹性体弯曲，加载力与弯曲时间的增加对回弹几乎没有影响。Özgür 等[91]设计了 V 形模具来测定不同弯曲角对不锈钢板材的回弹，发现随着加压时间增加，回弹会线性减小。马友娟等[92]通过激光动态柔性压弯实验研究试样厚度、晶粒尺寸对高应变率下箔材微弯曲塑性变形行为的影响，发现铜箔厚度由 50μm 减小到 30μm 时，材料流动应力减小，成形件轮廓形状由圆顶状转变为槽状，表面硬度由于模具底部的碰撞滑移得到显著强化；相比于细晶成形件，粗晶件的微成形能力较差；工件底部回弹形变及厚度方向应变硬化不

均匀；圆角处易于破裂，最大减薄率比细晶件增大约 10%。姚瑶[93]利用单向拉伸实验获得的材料性能参数，通过建立的纯铜箔 V 形自由微弯曲有限元模型模拟了其微弯曲成形及回弹过程(图 1.12)；研究了试样厚度、晶粒尺寸、氧化膜和凸模圆角半径等对弯曲回弹的影响规律，并给出了减小弯曲回弹的措施；发现弯曲回弹量随试样厚度或晶粒尺寸的逐渐减小而显著增大的尺度效应规律，且随着试样厚度与晶粒尺寸之比或凸模圆角半径的增大而逐渐增大，同时氧化膜的存在也在一定程度上加剧了弯曲回弹。

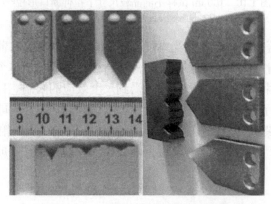

图 1.11　V 形微弯曲模具实物图[89]

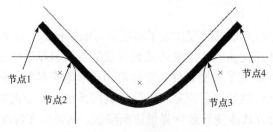

图 1.12　V 形弯曲有限元[93]

1.5　成形极限尺度效应研究现状

随着厚度方向上晶粒数量的减少，变形行为从多晶变为单晶，这种转变会显著影响断裂行为，包括极限应变、极限应力和断裂机理。作为衡量板材最大变形能力的指标，板材的极限应变必然也会受到尺度效应的影响。在宏观尺度下，板材的成形极限图被称为 FLD(forming limit diagram)，而在介观尺度下，薄板的成形极限图被称为 μ-FLD。对于宏观尺度板材的 FLD，通过大量的成形极限实验已经进行了细致的研究，并形成了成熟的极限应变预测理论。在介观尺度下，尺度效应的存在使得薄板的极限应变不再符合宏观的失效准则，极限应变不能被有效预估。

目前针对薄板成形极限实验已经进行了大量研究。在实验评估过程中，Gau 等[94]研究了尺度效应和应变速率对厚度为 50μm 的 304 奥氏体不锈钢箔可成形性的耦合影响。结果表明，合适的晶粒尺寸能够明显提高不锈钢薄板的极限应变，而且应变速率越高薄板的成形性越好。Bong 等[95]通过改进的 Marciniak 实验和常规单向拉伸实验确定了厚度为 0.1mm 的铁素体不锈钢薄板的 FLD。Sène 等[96]设计了一种基于 Marciniak 原理的微拉压力机，以获取厚度为 0.2mm 的纯铝及其合金的实验 μ-FLD。Diehl 等[97]通过对厚度为 25～100μm 的铝箔的半球胀形实验获得了不同厚度铝箔的 FLD，发现当铝箔厚度低于 100μm 时极限应变明显降低。Sahu 等[98]通过球头胀形法测定了 50～90μm 的黄铜的 FLD，发现纯铜薄板的成形极限受几何尺寸影响明显。徐竹田[99]采用 Holmberg 方法和 Marciniak 平头胀形法获得了不同厚度的铜箔(100μm、200μm、400μm)的 FLD，发现铜箔的成形极限受尺度效应影响明显，极限应变随着晶粒尺寸的增大呈现明显降低趋势，且薄板厚度的降低不但使得极限应变降低，而且使得实验值的重复性变差。当铜箔厚度方向的晶粒数目只有几个时，极限应变明显降低而且分散程度增大。倪大龙[86]开展了 SUS304 不锈钢薄板的成形极限实验，结果表明，FLD 随着薄板厚度的减薄和晶粒尺寸的增大而明显下降。

Meng 等[76]通过对不同厚度(20～200μm)和不同晶粒尺寸的 SUS304 薄板进行成形极限实验，阐述尺度效应和塑性各向异性对薄板成形性的相互作用，结果发现，厚度方向上晶粒数量的减少使得变形行为从多晶变为单晶，而且这种转变会显著影响薄板的断裂行为，如图 1.13 所示。在尺度效应作用下，不锈钢薄板的各向异性愈发明显，加剧不同变形方向上的断裂行为的差距。薄板的极限应变在尺度效应和各向异性效应的相互作用下明显降低，厚度为 20μm 薄板的极限应变值出现严重的离散化。

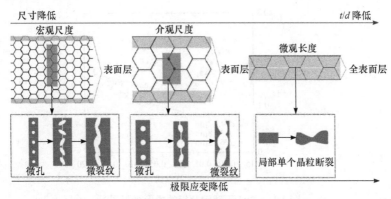

图 1.13　尺度效应影响薄板断裂失效的作用机理[76]

　　Dubos 等[100]开展了厚度为 0.5mm 的不同 *t*/*d* 的 Cu 薄板和 Ni 薄板的成形极限实验，结果表明，当 Cu 或 Ni 薄板的 *t*/*d* 低于临界值时(Cu 薄板的 *t*/*d* 的临界值为 6，Ni 薄板的 *t*/*d* 的临界值为 4)，薄板的机械性能和极限应变会显著降低，而且与应变路径无关。这种效应发生在等效塑性应变高于临界水平的情况，而且等效塑性应变的临界水平越高，薄板越趋向于发生多晶变形行为，其极限应变值越高。Chen 等[101]对厚度为 20～150μm 的不同晶粒尺寸的 304 不锈钢进行了成形极限实验，结果表明，当薄板厚度小于 100μm 时，晶粒尺寸的增大使得极限应变值的降低效果明显，而且薄板的成形极限理论必须考虑尺度效应。同样，Meng 等[102]对厚度为 20～100μm 的 304 不锈钢薄板进行的成形极限实验发现了相似的情况，薄板厚度的降低和晶粒尺寸的增大使得成形极限曲线明显下降而且极限应变点的分散程度增大，如图 1.14 所示。Diehl 等[103]对 25～100μm 细晶铜板的胀形实验表明，随着薄板厚度的降低成形极限明显下降。Dubos 等[104]研究了应变路径对铜薄板微成形过程中尺度效应的影响，结果表明，受尺度效应影响的极限应变对应变路径非常敏感。Ben 等[105]评估了 0.21mm 的 Cu 箔的单点渐进成形工艺的成形性，发现 *t*/*d* 的降低加剧了 Cu 箔成形极限的下降。

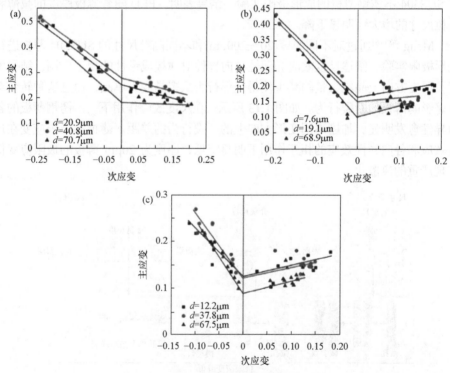

图 1.14　304 不锈钢薄板的成形极限图[82]

(a) *t*=100μm；(b) *t*=50μm；(c) *t*=20μm

目前对于复层金属薄板成形极限的研究很少，现阶段的大多数研究是对于厚度为 1mm 的复层金属板材开展的成形极限实验。Zahedi 等[106]利用损伤塑性模型对 0.94mm 厚的铝/铜层合板颈缩和断裂成形极限曲线进行了实验和数值预测，并采用数值-实验相结合的方法，利用整体板的半球形冲孔拉伸实验对损伤塑性模型进行了校核，结果表明，基于单层薄板的断裂模型进行标定，可以成功地预测复层箔的断裂应变和断裂起始位置。另外，根据断裂模型和计算结果得出外层的塑性应变的积累以及内层的静水压力的增加导致损伤的累积和外层金属断裂的开始。他们还研究了不同的堆叠次序对复层板成形极限的影响，结果如图 1.15 所示。由图可见，铜板通过对铝板的保护作用，使 AC(Al 为内层，Cu 为外层)堆叠板的成形性比 CA(Cu 为内层，Al 为外层)堆叠板有所提高。Tseng 等[107]研究了不同初始厚度比的 0.97mm 的铝/铜复合材料板的二次成形性和断裂的影响。当试样总厚度相同时，Al 和 Cu 的厚度比是影响复合金属板成形性的重要因素。他们还研究了 Ti/Al 复层金属板液压成形性能[108]。仿真结果表明，通过选择合适的工艺参数可以提高 Ti/Al 复层金属板的成形性，如足够的摩擦力和较高的最终反压有利于减小减薄效果。Sun 等[109]研究了热处理和接触状态对厚度为 1mm 的 Al/Cu 复层箔成形性的影响。研究表明，数字图像相关(DIC)方法要比网格法更可靠，而且退火后的 Al/Cu 复合材料的成形性能优于未退火的 Al/Cu 复合材料，这说明基体微观组织对于成形极限的影响非常大。实验还证明，Al/Cu 板在成形过程中首先发生局部界面破坏，然后诱发裂纹，从而导致断裂。界面断裂可能是 Al/Cu 复合材料的主要失效形式。Afshin 等[110]研究了不同晶粒尺寸对 0.4～1mm 厚的 Al1050/St304 和 Al5052/St304 复层板成形性能的影响，结果表明，当施加较低的压边力时，摩擦尺度效应变得显著。随着晶粒尺寸的增大，复层板成形所需的载荷也随之增大。然而，较高的压边力使成形性尺度效应成为主导。因此，随着晶粒尺寸的增大，所需的载荷也随之减小。

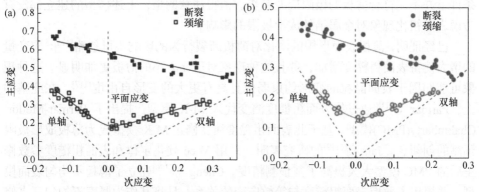

图 1.15　Al/Cu 双层板断裂成形极限图和颈缩成形极限图比较[106]

(a) AC 堆叠板；(b) CA 堆叠板

　　Liu 等[111]研究了 0.1mm 铜/镍复层箔微尺度激光柔性动态成形性能，实验采用微尺度激光柔性动态成形技术(MLFDF)对厚度为 0.1mm 的 Cu/Ni 复层箔进行胀形实验。实验结果证明，随着激光能量的增加、激光脉冲数的增加和软冲头厚度的减小，铜/镍复层箔的成形深度增大。与传统成形工艺不同，在 MLFDF 条件下，叠层顺序对铜/镍复层箔的成形深度影响不大。在胀形底部，外层减薄量大于内层减薄量，在复层箔变形中起主导作用。

　　大量的实验结果表明，断裂尺度效应使得薄板的成形极限曲线显著降低，这使得宏观的成形极限理论不再适用于薄板的介观尺度断裂失效行为。宏观尺度成形极限预测模型主要有基于连续体力学的 Swift 塑性拉伸失稳理论[112]、Hill 塑性拉伸失稳理论[113]以及 Marciniak 等[114]基于材料初始厚度不均匀度提出的凹槽理论(即 M-K 模型)，这些理论对于薄板成形极限的预测要远高于实验结果。而且薄板成形极限图的获取需要大量的实验，不同制度下的试样的成形极限也有明显差别，这些因素使得学者对介观尺度薄板的成形极限理论进行了深入探讨。

　　Xu 等[83]基于有限元模拟二次开发了修正 Gurson-Tvergaard-Needleman 模型来预测铜箔的 μ-FLD。他们认为薄板变形过程中内部孔洞的萌生和发展是导致薄板发生失效断裂的主要机制，而尺度效应加速了孔洞的扩展，使得薄板的极限应变降低。Ran 等[115]修正了 Freudenthal 准则，将表征尺度效应的流动应力模型代入 Freudenthal 准则中成功预测了薄板的极限应变。Abe 等[73]发现 M-K 模型采用的几何凹槽是由薄金属板各个区域的 r 值差异引起的，并修正 M-K 模型来计算模型理论上的 μ-FLD。Chen 等[101]介绍了 5 种韧性断裂准则，并修正了其中两种准则，构建了考虑尺度效应的成形极限模型，分别适用于厚度大于 100μm 和厚度小于 100μm 的 304 不锈钢薄板。第二种模型考虑了 t/d 影响的应变路径和尺度效应，除了整个厚度只有一个晶粒的铝箔外，可以很好地预测铝箔的成形极限。虽然基于上述韧性断裂准则和宏观 M-K 模型可以预测薄板的成形极限曲线，但是在某些条件下并不能符合薄板的极限应变趋势。值得注意的是，上述模型的建立都没有考虑表面粗化现象对金属箔的成形极限的影响。

　　已经证明，薄板表面形貌的演化对薄板断裂行为的影响不可忽略[116]。应变量的增大使得表面粗糙度增加，并且这种现象对于 t/d 小的薄板更加明显。这种现象可能归因于表面晶粒的变形约束弱而且具有更大的变形自由度[117]。在此基础上，Parmar 等[118]通过将表面粗糙度演变代入 M-K 模型，提出了 Parmar-Mellor-Chakrabarty(PMC)模型。基于此表面粗糙度演变修正 M-K 模型成为薄板成形极限预测的创新点。Jain 等[119]的研究表明，采用 Voce 硬化定律和表面粗糙度参数修正后的 PMC 模型大大提高了其预测精度。Cheng 等[120]建立了薄板不均匀表面模型，并提出了薄板表面粗糙度与等效应变的关系，且将其作为厚度不均匀度来修正 M-K 模型。修正后的 M-K 模型更适合预测薄板的 μ-FLD，如图 1.16 所示。

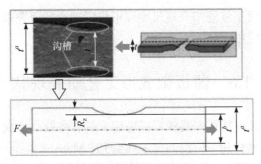

图 1.16 表面不均匀模型[100]

Yamaguchi 等[121]开展了表面粗糙度的阶段性抛光实验。实验表明，在局部颈缩发生之前，通过对试样表面的抛光可以提高成形极限。Stachowicz 等[122]假设材料异质性由于表面粗糙度和内部缺陷(空隙)的存在，提出了描述不均匀系数与有效应变和晶粒尺寸之间的关系方程，并用来修正 M-K 模型。对不同材料参数对成形极限图的影响的分析表明，极限应变的值决定性地取决于不均匀系数和晶粒尺寸的值，而不是内部缺陷因素。

综上所述，基于宏观经验和理论，如何更好地描述薄板变形过程，更准确地修正薄板表面粗糙度演化模型对定量分析薄板成形极限问题至关重要。通过与宏观塑性失稳理论对比，Swift 分散性失稳理论和 Hill 集中性失稳理论均将板材视为均匀连续体，在应用中有各自的局限性而且其预测结果精度不足。韧性断裂准则可以较准确地预测成形极限图左侧部分，但无法有效预测右侧部分，这是因为韧性断裂准则给出的是断裂时刻的应变，而成形极限图表示的是颈缩开始时的应变。细观损伤模型(GTN 模型)虽然能够分析材料从塑性变形到断裂失效过程中孔洞的形核、长大、连接直至失效的演化过程，实现对韧性断裂整个过程的描述，但是其建模过程十分复杂，孔洞演化参数很难确定。相比来说，M-K 理论形式简单，实用性强，是目前工程中应用最广泛的损伤失稳理论。但是它基于实验观察，而且初始厚度不均匀度无法准确确定。在介观尺度塑性变形中，由于试样厚度很薄，材料表面缺陷对整个材料变形影响加剧，而且随着应变增加材料表面形貌更加不均匀，这使得宏观的 M-K 模型无法直接应用到介观尺度薄板成形极限的预测中。已经有理论证明，考虑薄板表面粗糙度的演化关系的 M-K 模型可以描述薄板变形过程中表面缺陷的演变过程，并且预测结果与实验所得的极限应变较为符合，这成为介观尺度薄板成形极限预测理论的突破口。另一方面，复层金属板材的成形极限实验主要针对于厚度为 1mm 的板材，目前为止几乎没有针对于复层箔成形极限的理论研究。复层金属薄板具有两种不同的金属表面并且不同金属的变形行为不同。复杂的变形行为和断裂机理使得对于复层金属薄板表面粗糙度演化关系的确定，以及成形极限的预测变得更加困难，目前几乎没有相关理论被建立。因此，很有必要开展对于复层箔介观尺度成形极限理论的研究来促进复层金属薄板在微成形工艺中的应用。

1.6　薄板微成形工艺研究现状

由于具有介观尺度特征产品的广泛应用，具有高效、低成本、高精度等优点的薄板微成形工艺也得到了广泛的关注和研究。Manabe 等[123,124]针对薄板微细拉深工艺展开了详细的研究，他们精确测量了成形外形、厚度分布以及表面粗糙度，并与有限元计算结果进行了对比分析，发现拉深后试样表面形貌等与摩擦行为密切相关。Hu 和 Vollertsen 等[125,126]研究了各种润滑方法对微细拉深工艺的影响，他们发现采用润滑剂可以显著降低成形过程中的作用力且在微细条件下摩擦系数下降更快。Gau 等[127]对 SS304 不锈钢薄板的微细拉伸实验进行了实验研究并分析了尺度效应的影响。Fu 等[128]也对纯铜薄板微细拉深成形中的尺度效应展开了详细的实验研究，发现晶粒、板厚以及拉深特征尺度对拉深成形工艺都有着显著的影响，由尺度效应引起的不均匀塑性变形以及摩擦行为变化都必须进行深入讨论和分析。微细冲压成形工艺利用凸模和凹模配合将薄板坯料成形为具有各种特征的产品[129]。Peker 等[130]、Jin 等[131]以及 Peng 等[132]都针对薄板介观冲压工艺展开了详细的研究，分析了圆角、摩擦等工艺参数对成形过程的影响，并分析了其在燃料电池金属极板成形工艺中的应用。Peng 等[133]还提出了采用软模成形工艺成形薄板材料。该工艺利用软模和硬模配合进行薄板成形，仅需要加工一块模具且软、硬模具可以实现自适应配合，因此适于微细特征的高精度低成本加工。内高压成形是一种以液体(水、液压油等)作为传递压力的介质，利用高压使得金属坯料成形为各种复杂形状的现代塑性成形技术[134,135]。相比传统的薄板成形工艺，内高压成形具有模具结构简单、工装要求低、回弹小精度高、可成形复杂零件等优点，虽然也存在单成形工步耗时较长等问题，但是该工艺非常适于现代小批量多品种的柔性加工要求[136]。Geiger 等[137]提出了利用内高压成形同时成形多块金属板的工艺，他们还对加温条件下不同金属材料的内高压成形进行了讨论。Koç 等[138]通过有限元及实验的方法研究了不同材质金属薄板在温热以及冷态下的内高压成形过程。Yuan 等[139,140]对液压胀形有比较深入的研究，采用各种方法研究了板材内高压成形的过程和失效，讨论了不同参数(如加载路径、压边力等)对成形效果的影响。Lang 等[141,142]围绕金属板液压拉深工艺进行了实验和理论的研究，展现了该工艺的可行性和优点。值得注意的是，微细条件下的内高压成形又有许多独特的优势，如仅需要一块模具、不需要精密定位以及导向机构、没有凸凹模间隙成形精度高、无论产品面积如何增大都可以在相同的压力下实现高精度成形、表面性能良好等。在微细内高压成形方面，Mahabunphachai 等[143]采用内高压成形工艺针对阵列微细长槽形貌的内高压成形进行了实验和有限元研究，并对介观成形中出现的尺度效应进行了分析和讨论。Diehl 等[144]采用薄板内高压成形实验研究金属薄板的成形性能，并研究材料本征尺度效应以及成形特征尺度降低对其性能产生的影响。Hartl 等[145]围绕微细薄壁管的内高压成形展开了比较深入的研究。这些研究都发现，微细薄板内高压成形具有独特的优势，特别适于薄板微细成形工艺，因此具有良好的应用前景。

Peng 等[146]采用图 1.17 的模具研究了软模硬度、摩擦条件等对 SS304 不锈钢薄板(厚度为 100μm)微流道软模微成形过程的影响。他们发现软模硬度对微流道成形质量影响可以忽略，而摩擦影响相对较大，并成形出高质量的燃料电池金属双极板微型构件。Jeong 等[147]通过实验研究了拔模斜度、冲压速度、成形载荷、橡胶厚度和橡胶硬度等对 SUS304 燃料电池金属双极板软模微成形工艺的影响规律，发现燃料电池金属双极板微流道构件成形深度随着成形载荷和橡胶厚度的增加而逐渐增加。Lim 和 Son 等[148,149]研究了板材厚度、冲压速度、成形载荷、橡胶厚度和橡胶硬度等对 Al1050 燃料电池金属双极板构件软模微成形工艺影响规律，发现燃料电池金属双极板成形深度随着成形载荷的增大而增加，但同时燃料电池金属双极板微流道构件外圆角处减薄量也会增加。Elyasi 等[150]通过软模微成形技术成形出厚度为 100μm 的 316 不锈钢燃料电池金属双极板，发现在相同几何形状和成形工艺下，软凸模比软凹模工艺条件下微流道的成形深度更大，也会出现微流道的成形深度随着成形载荷增加而增加，以及局部过度减薄的现象。Jin 等[151]研究了橡胶厚度、橡胶硬度、冲压速度和成形载荷等 Al1050、SS304 不锈

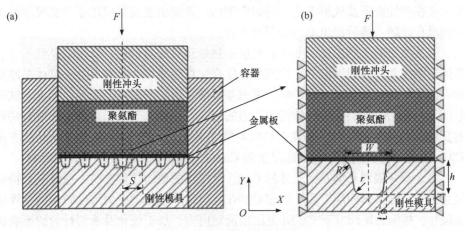

图 1.17 微流道特征成形[146]

(a) 原始成形工艺；(b) 单流道的 FEM 模型

钢和 Ti-G5 三种金属薄板燃料电池双极板成形质量的影响规律，发现相同工艺条件下 Al1050 微流道成形深度比另外两种材料大，且微流道成形深度随着橡胶厚度和成形载荷的增加而增加。Liu 等[152]通过实验和有限元模拟研究了燃料电池不锈钢双极板软模微成形工艺，优化了成形工艺及模具结构参数，发现坯料退火后成形的燃料电池金属双极板构件厚度分布更加均匀，成形质量显著提高。魏曦[153]通过有限元模拟分析了 SS304 金属双极板微流道脊部圆角半径和侧壁斜度等对板料成形情况的影响规律。

在薄板微成形工艺方面，已经有许多学者针对不同工艺进行了讨论，但是对工艺优化方面的研究，特别是在考虑尺度效应对薄板失效行为影响基础上的研究非常少；因此有必要在考虑材料可成形性尺度效应基础上讨论工艺的实施条件和方法，为微细成形工艺优化设计提供指导。

1.7　本书主要内容

本书以全面深入探究介观尺度 Cu/Ni 复层箔的塑性变形行为(拉伸和弯曲)、断裂行为、成形极限行为以及微成形工艺中的内在机理和外在具体表现为研究目标，开展对于介观尺度 Cu/Ni 复层箔的微拉伸/弯曲实验、成形极限实验以及软模微流道/双极板成形实验，旨在为复层箔在微成形中的应用提供理论指导和工艺基础。本书共分为 8 章，具体的研究内容和逻辑结构如下：

第 1 章首先阐述本书研究工作的研究背景和意义，指出目前金属薄板介观尺度效应的研究现状及研究的必要性，以及综述国内外相关领域的研究成果；阐述复层板在塑性变形及成形工艺中的研究现状，并指出复层板应用于介观尺度的难点和潜在问题；最后提出本书的研究内容。

第 2 章研究不同厚度的 Cu/Ni 复层箔热处理温度对铜层、镍层的晶粒尺寸、基体层厚度和界面层厚度的影响规律；探究试样的厚度、晶粒尺寸、基体层厚度和界面层厚度对流动应力的影响；考虑基体微观组织与厚度、界面层厚度、试样厚度等对 Cu/Ni 复层箔微拉伸流动应力的影响，构建基于表面层理论和混合法则的复层箔材料本构模型。研究初始取向(沿轧制方向 RD、45°、垂直于轧制方向 TD)、基体层晶粒尺寸和界面层厚度对 Cu/Ni 复层箔的塑性变形行为的影响。

第 3 章开展对不同特征尺寸的 Cu/Ni 复层箔的单向拉伸实验，通过引入特征尺寸因子，结合表面层模型，确定 Cu/Ni 复层箔产生流动应力尺度效应的临界特征尺寸，探明特征尺寸对 Cu/Ni 复层箔流动应力、加工硬化及断裂行为的影响机理；分析 Cu/Ni 复层箔的断口形貌，探究 Cu/Ni 复层箔试样的厚度、基体微观组织与厚度及界面层厚度等对其断裂失稳行为的影响，构建反映 Cu/Ni 复层箔动态断裂过程的断裂模型，揭示 Cu/Ni 复层箔介观尺度断裂机制。

第 4 章建立 Cu/Ni 复层箔软模微弯曲有限元模型，分析弯曲角、热处理温度、放置方式对其软模微弯曲过程的影响规律；研究 Cu/Ni 复层箔软模微弯曲塑性变形行为，分析弯曲角、热处理温度、放置方式对弯曲回弹、厚度减薄的影响规律。探究软模微弯曲塑性变形行为以及回弹机理；建立复层箔软模微弯曲回弹预测模型，分析软模对回弹的影响规律，实现对复层金属箔软模微弯曲回弹的准确预测。

第 5 章搭建微拉伸及微胀形成形极限实验平台，设计不同加载路径的试样，通过 DIC 技术测定不同晶粒尺寸的 Cu/Ni 复层箔在不同应变路径下的极限应变，从而获得完整的成形极限图；基于实验结果分析尺度效应在介观尺度复层箔极限应变中的作用规律，并进一步探究尺度效应复层箔应变路径和变形过程的影响，探索尺度效应对于极限应变降低的作用机理；基于各种宏观薄板成形极限理论对 Cu/Ni 复层箔成形极限进行预测并与实验结果作对比，分析不同断裂准则模型对介观尺度复层箔成形极限预测的准确性和可行性，确定能够准确描述复层箔变形过程的最优模型；分析薄板塑性变形过程中表面粗化的演化过程并定量描述表面粗糙度与等效应变关系，建立复层金属薄板厚度变化方程，通过此方程来修正 Considère 失稳准则和 PMC 模型；通过与实验结果的比较讨论模型的适用范围，最终建立 Cu/Ni 复层箔介观尺度成形极限模型。

第 6 章开展 Cu/Ni 复层箔软模微流道及双极板成形有限元模拟，分别采用超弹性 Mooney-Rivlin 本构模型和所构建的 Cu/Ni 复层箔介观尺度流动应力本构模型作为软模材料和 Cu/Ni 复层箔的力学数据，建立 Cu/Ni 复层箔微流道软模微成形有限元模型，分析 Cu/Ni 复层箔微流道软模微成形过程，探究材料微观组织和模具结构参数等对其成形质量的影响规律，探明微流道软模微成形机理，并利用有限元建模分析燃料电池金属双极板软模微成形工艺过程。

第 7 章实验研究 Cu/Ni 复层箔微流道软模微成形过程，分析多参数(工艺、材料和模具等)对软模微成形微流道构件成形质量(成形深度、表面形貌和壁厚分布等)的影响规律，并从微流道局部塑性变形应力-应变状态和材料微观组织结构相结合的角度对 Cu/Ni 复层箔微流道构件塑性变形特点与规律进行探讨，探明 Cu/Ni 复层箔微流道软模微成形规律。

第 8 章实验研究 Cu/Ni 复层箔燃料电池金属双极板软模微成形工艺，分析多参数(工艺、材料和摩擦润滑等)对燃料电池金属双极板构件成形质量的影响规律，优化燃料电池金属双极板软模微成形工艺路线及工艺参数，成形出满足需求的燃料电池金属双极板构件，并从轮廓与尺寸精度、表面粗糙度和壁厚分布等方面对其成形质量进行系统评价与分析。

参 考 文 献

[1] 张绍芳, 文苏丽, 周鹏, 等. 微系统技术产业发展现状及分析[J]. 飞航导弹, 2016, (4): 85-88.

[2] 汤伟强. 雷达中的微系统及国外研究现状[J]. 现代雷达, 2017, 39(3): 21-23.

[3] 汤晓英. 微系统技术发展和应用[J]. 现代雷达, 2016, 38(12):45-50.

[4] 冯帆. 微机电系统的发展与应用[J]. 科技创新与应用, 2015, (19): 117.

[5] 张凯锋. 微成形制造技术[M]. 北京: 化学工业出版社, 2008.

[6] Zoch H W, Schulz A, Cui C, et al. Cold Micro Metal Forming[R]. 2020: 1-20.

[7] Fu M W, Wang J L, Korsunsky A M. A review of geometrical and microstructural size effects in micro-scale deformation processing of metallic alloy components[J]. International Journal of Machine Tools and Manufacture, 2016, 109: 94-125.

[8] Razali A R, Qin Y. A review on micro-manufacturing, micro-forming and their key issues[J]. Procedia Engineering, 2013, 53: 665-672.

[9] Fu M W, Yong M S, Tong K K, et al. A methodology for evaluation of metal forming system design and performance via CAE simulation[J]. International Journal of Production Research, 2006, 44: 1075-1092.

[10] Fu M W. Yong M S. Tong K K, et al. Design solution evaluation for metal forming product development[J]. The International Journal of Advanced Manufacturing Technology, 2008, 38(3-4): 249-257.

[11] Tong K K, Yong M S, Fu M W, et al. CAE enabled methodology for die fatigue life analysis and improvement[J]. International Journal of Production Research, 2005, 43: 131-146.

[12] Fu M W, Chan W L. A review on the state-of-the-art microforming technologies[J]. International Journal of Advanced Manufacturing Technology, 2013, 67: 2411-2437.

[13] Geiger M, Vollertsen F, Kals R. Fundamentals on the manufacturing of sheet metal microparts[J]. CIRP Annals—Manufacturing Technology, 1996, 45: 277-282.

[14] Gau J T, Principe C, Wang J. An experimental study on size effects on flow stress and formability of aluminm and brass for microforming[J]. Journal of Materials Processing Technology, 2007, 184(1-3): 42-46.

[15] Chan W L, Fu M W, Yang B. Study of size effect in micro-extrusion process of pure copper[J]. Materials & Design, 2011, 32: 3772-3782.

[16] Chan W L, Fu M W, Lu J. Experimental and simulation study of deformation behavior in micro-compound extrusion process[J]. Materials & Design, 2011, 32: 525-534.

[17] Jiang M, Devincre B, Monnet G. Effects of the grain size and shape on the flow stress: A dislocation dynamics study[J]. International Journal of Plasticity, 2018, 113: 111-124.

[18] Saotome Y. State of the art in micro forming and view in the future[J]. Journal of the Japan Society for Technology of Plasticity, 2016, 46: 614-618.

[19] Engel U. Tribology in microforming[J]. Wear, 2006, 260: 265-273.

[20] 惠琼. 2015 中国新材料发展趋势高峰论坛在北京召开[J]. 中国材料进展, 2015, 34(6): 495-496.

[21] He P, Yue X, Zhang J H. Hot pressing diffusion bonding of a titanium alloy to a stainless steel

with an aluminum alloy interlayer[J]. Materials Science and Engineering A, 2008, 486: 171-176.

[22] Li T, Grignon F, Benson D J, et al. Modeling the elastic properties and damage evolution in Ti-Al3-Ti metal-intermetallic laminate (MIL) composites[J]. Materials Science and Engineering A, 2004, 374: 10-26.

[23] Lee J E, Bae D H, Chung W S, et al. Effects of annealing on the mechanical and interface properties of stainless steel/aluminum/copper clad metal sheets[J]. Journal of Materials Processing Technology, 2007, 187-188: 546-549.

[24] Dehghani F, Salimi M. Analytical and experimental analysis of the formability of copper-stainless-steel 304L clad metal sheets in deep drawing[J]. International Journal of Advanced Manufacturing Technology, 2016, 82: 163-177.

[25] Barabash R I, Barabash O M, Ojima M, et al. Interphase strain gradients in multilayered steel composite from microdiffraction[J]. Metallurgical and Materials Transactions A, 2014, 45: 98-108.

[26] Oya T, Tiesler N, Kawanishi S, et al. Experimental and numerical analysis of multilayered steel sheets upon bending[J]. Journal of Materials Processing Technology, 2010, 210: 1926-1933.

[27] Tsukamoto H. Impact compressive behavior of deep-drawn cups consisting of aluminum/duralumin multi-layered graded structures[J]. Materials Science and Engineering B, 2015, 198: 25-34.

[28] Wang C, Xue S, Chen G, et al. Investigation on formability of bipolar plates during flexible micro forming of Cu/Ni clad foils[J]. Journal of Manufacturing Processes, 2020, 53: 293-303.

[29] Singh A P, Sharma M, Singh I. A review of modeling and control during drilling of fiber reinforced plastic composites[J]. Composites Part B—Engineering, 2013, 47: 118-125.

[30] Hosseini M, Pardis N, Danesh M H, et al. Structural characteristics of Cu/Ti bimetal composite produced by accumulative roll-bonding (ARB) [J]. Materials & Design, 2017, 113: 128-136.

[31] Yu H L, Tieu A K, Lu C, et al. A deformation mechanism of hard metal surrounded by soft metal during roll forming[J]. Scientific Reports, 2014, 4: 1-8.

[32] Dillamore I L. Plasticity of crystals with special reference to metals[J]. Physics Bulletin, 1969, 20(3): 107.

[33] Ike H, Plancak M. Coining process as a means of controlling surface microgeometry[J]. Journal of Materials Processing Technology, 1998, 80-81: 101-107.

[34] Peng L F, Lai X M, Lee H J, et al. Friction behavior modeling and analysis in micro/meso scale metal forming process[J]. Materials & Design, 2010, 31(4): 1953-1961.

[35] Rosochowski A, Presz W, Olejnik L, et al. Micro-extrusion of ultra-fine grained aluminium[J]. International Journal of Advanced Manufacturing Technology, 2007, 33(1-2): 137-146.

[36] Chan W L, Fu M W, Yang B. Experimental studies of the size effect affected microscale plastic deformation in micro upsetting process[J]. Materials Science and Engineering A, 2012, 534: 374-383.

[37] Shan D B, Wang C J, Guo B, et al. Effect of thickness and grain size on material behavior in micro-bending[J]. Transactions of Nonferrous Metals Society of China, 2009, 19: 507-510.

[38] Wang C J, Shan D B, Zhou J, et al. Size effects of the cavity dimension on te microforming

ability during coining process[J]. Journal of Materials Processing Technology, 2007, 187: 256-259.

[39] Vollertsen F, Niehoff H S, Hu Z. State of the art in micro forming[J]. International Journal of Machine Tools and Manufacture, 2006, 46(11): 1172-1179.

[40] Stölken J S, Evans A G. A microbend test method for measuring the plasticity length scale[J]. Acta Materialia, 1998, 46: 5109-5115.

[41] Keller C, Hug E, Chateigner D. On the origin of the stress decrease for nickel polycrystals with few grains across the thickness[J]. Materials Science and Engineering A, 2009, 500: 207-215.

[42] Keller C, Hug E, Retoux R, et al. TEM study of dislocation patterns in near-surface and core regions of deformednickel polycrystals with few grains across the cross section[J]. Mechanics of Materials, 2010, 42(1): 44-54.

[43] Meng B, Fu M W. Size effect on deformation behavior and ductile fracture in microforming of pure copper sheets considering free surface roughening[J]. Materials & Design, 2015, 83: 400-412.

[44] Chen X X, Ngan A H W. Specimen size and grain size effects on tensile strength of Ag microwires[J]. Scripta Materialia, 2011, 64(8): 717-720.

[45] Dhruv A, Kumar D R. Effect of thickness and grain size on flow stress of very thin brass sheets[J]. Procedia Materials Science, 2014, 6: 154-160.

[46] Lederer M, Gröger V, Khatibi G. Size dependency of mechanical properties of high purity aluminium foils[J]. Materials Science and Engineering A, 2010, 527: 590-599.

[47] Kals T A, Eckstein R. Miniaturization in sheet metal working[J]. Journal of Materials Processing Technology, 2000, 103: 95-101.

[48] 孟庆当, 李河宗, 董湘怀, 等. 304不锈钢薄板微塑性成形尺寸效应的研究[J]. 中国机械工程, 2013, 24(2): 280-283.

[49] Chan W L, Fu M W, Lu J. The size effect on micro deformation behaviour in micro-scale plastic deformation[J]. Materials & Design, 2011, 32: 198-206.

[50] Armstrong R, Douthwaite R M, Codd I, et al. Plastic deformation of polycrystalline aggregates[J]. Philosophical Magazine, 1962, 7(73): 45-58.

[51] Liu J G, Fu M W, Chan W L. A constitutive model for modeling of the deformation behavior in microforming with a consideration of grain boundary strengthening[J]. Computational Materials Science, 2012, 55: 85-94.

[52] Kocks U F. The relation between polycrystal deformation and single-crystal deformation[J]. Metallurgical and Materials Transactions B, 1970, 1(5): 1121-1143.

[53] Geiger M, Kleiner M, Eckstein R, et al. Microforming[J]. CIRP Annals—Manufacturing Technology, 2001, 50(2): 445-462.

[54] Engel U, Eckstein R. Microforming-from basic research to its realization[J]. Journal of Materials Processing Technology, 2002, 125-126: 35-44.

[55] Kim G Y, Koc M, Ni J. Modeling of the size effects on the behavior of metals in microscale deformation processes[J]. Journal of Manufacturing Science and Engineering, 2007, 129(3): 470-476.

[56] Wang Y, Dong P L, Xu Z Y, et al. A constitutive model for thin sheet metal in micro-forming considering first order size effects[J]. Materials & Design, 2010, 31: 1010-1014.

[57] Leu D K. Modeling of size effect on tensile flow stress of sheet metal in microforming[J]. Journal of Manufacturing Science and Engineering, 2009, 131(1): 011002.

[58] Hug E, Keller C. Intrinsic effects due to the reduction of thickness on the mechanical behavior of nickel polycrystals[J]. Metallurgical and Materials Transactions A, 2010, 41: 2498-2506.

[59] Kim G Y, Ni J, Koç M. Modeling of the size effects on the behavior of metals in microscale deformation processes[J]. Journal of Manufacturing Science and Engineering, 2007, 129(3): 470-476.

[60] Peng L, Lai X, Lee H J, et al. Analysis of micro/mesoscale sheet forming process with uniform size dependent material constitutive model[J]. Materials Science and Engineering A, 2009, 526(1): 93-99.

[61] Cao J, Zhuang W, Wang S, et al. Development of a VGRAIN system for CPFE analysis in micro-forming applications[J]. The International Journal of Advanced Manufacturing Technology, 2010, 47(9-12): 981-991.

[62] Fülöp T, Brekelmans W, Geers M. Size effects from grain statistics in ultra-thin metal sheets[J]. Journal of Materials Processing Technology, 2006, 174(1): 233-238.

[63] Chan W L, Fu M W, Lu J, et al. Modeling of grain size effect on micro deformation behavior in micro-forming of pure copper[J]. Materials Science and Engineering A, 2010, 527(24-25): 6638-6648.

[64] Peng L F, Xu Z T, Gao Z Y, et al. A constitutive model for metal plastic deformation at micro/meso scale with consideration of grain orientation and its evolution[J]. International Journal of Mechanical Sciences, 2018, 138-139: 74-85.

[65] Wang X, Qian Q, Shen Z, et al. Numerical simulation of flexible micro-bending processes with consideration of grain structure[J]. Computational Materials Science, 2015, 110: 134-143.

[66] Adzima F, Balan T, Manach P Y, et al. Crystal plasticity and phenomenological approaches for the simulation of deformation behavior in thin copper alloy sheets[J]. International Journal of Plasticity, 2017, 94: 171-191.

[67] Bretheau T, Caldemaison D. Test of mechanical interaction models between polycrystal grains by means of local strain measurements[C]. 2nd Risø international Symposium on Metallurgy and Materials Science, Risø National Laboratory, Denmark, 1981: 157-161.

[68] Leu D K, Sheen S H. Roughening of free surface during sheet metal forming[J]. Journal of Manufacturing Science and Engineering, 2013, 135(2): 024502.

[69] Al-Qureshi H A, Klein A N, Fredel M C. Grain size and surface roughness effect on the instability strains in sheet metal stretching[J]. Journal of Materials Processing Technology, 2005, 170: 204-210.

[70] Dai Y Z, Chiang F P. On the mechanism of plastic deformation induced surface roughness[J]. Journal of Engineering Materials and Technology, 1992, 114(4): 432-437.

[71] Suh C H, Jung Y C, Kim Y S. Effects of thickness and surface roughness on mechanical properties of aluminum sheets[J]. Journal of Mechanical Science and Technology, 2010, 24(10):

2091-2098.

[72] Romanova V A, Balokhonov R R, Schmauder S. Numerical study of mesoscale surface roughening in aluminum polycrystals under tension[J]. Materials Science and Engineering A, 2013, 564: 255-263.

[73] Abe T. Surface roughening and formability in sheet metal forming of polycrystalline metal based on r-value of grains[J]. International Journal of Mechanical Sciences, 2014, 86: 2-6.

[74] Yang L, Lu L. The influence of sample thickness on the tensile properties of pure Cu with different grain sizes[J]. Scripta Materialia, 2013, 69: 242-245.

[75] Zhang H, Liu J, Sui D. Study of microstructural grain and geometric size effects on plastic heterogeneities at grain-level by using crystal plasticity modeling with high-fidelity representative microstructures[J]. International Journal of Plasticity, 2018, 100: 69-89.

[76] Meng B, Zhang Y Y, Cheng C. Effect of plastic anisotropy on microscale ductile fracture and microformability of stainless steel foil[J]. International Journal of Mechanical Sciences, 2018, 148: 620-635.

[77] Furushima T, Tsunezaki H, Manabe K I, et al. Ductile fracture and free surface roughening behaviors of pure copper foils for micro/meso-scale forming[J]. International Journal of Machine Tools and Manufacture, 2014, 76: 34-48.

[78] Zhao Y H, Guo Y Z, Wei Q, et al. Influence of specimen dimensions and strain measurement methods on tensile stress-strain curves[J]. Materials Science and Engineering A, 2009, 525: 68-77.

[79] Besson J, Devillers G L, Pineau A. Modeling of scatter and size effect in ductile fracture: Application to thermal embrittlement of duplex stainless steels[J]. Engineering Fracture Mechanics, 2000, 67: 169-190.

[80] Fang Z, Jiang Z, Wang X. Grain size effect of thickness/average grain size on mechanical behaviour, fracture mechanism and constitutive model for phosphor bronze foil[J]. International Journal of Advanced Manufacturing Technology, 2015, 79: 1905-1914.

[81] Joo B Y, Rhim S H, Oh S I. Micro-hole fabrication by mechanical punching process[J]. Journal of Materials Processing Technology, 2005, 170: 593-601.

[82] Vollertsen F, Hu Z, Wielage H. Fracture limits of metal foils in micro forming[C]. Proceedings of the 36th International MATADOR Conference, London, 2010: 49-52.

[83] Xu Z T, Peng L F, Lai X M, et al. Geometry and grain size effects on the forming limit of sheet metals in micro-scaled plastic deformation[J]. Materials Science and Engineering A, 2014, 611: 345-353.

[84] Zhao Y H, Guo Y Z, Wei Q, et al. Influence of specimen dimensions on the tensile behavior of ultrafine-grained Cu[J]. Scripta Materialia, 2008, 59(6): 627-630.

[85] 周健. 铜箔力学性能的尺度效应及微拉深成形研究[D]. 哈尔滨: 哈尔滨工业大学, 2010: 26-70.

[86] 倪大龙. SUS304 不锈钢薄板介观尺度成形极限研究[D]. 哈尔滨: 哈尔滨工业大学, 2015: 23-35.

[87] 唐翠. 纯钛拉伸变形行为的尺度效应研究[D]. 哈尔滨: 哈尔滨理工大学, 2017.

[88] 王春举, 汪鑫伟, 郭斌, 等. C2680 黄铜箔微弯曲回弹规律研究[J]. 材料科学与工艺, 2009, 17(1): 5-7.

[89] 王匀, 朱凯, 董培龙, 等. 超薄板微弯曲成形的回弹研究[J]. 热加工工艺, 2016, (3): 107-109.

[90] Gau J T, Principe C, Yu M. Springback behavior of brass in micro sheet forming[J]. Journal of Materials Processing Technology, 2007, 191(1): 7-10.

[91] Özgür T, Şeker U, Özdemir A. Determining spring back amount of steel sheet metal has 0.5 mm thickness in bending dies[J]. Die & Mould Manufacture, 2006, 27(3): 251-258.

[92] 马友娟, 刘会霞, 周建忠, 等. 激光动态柔性微弯曲中尺度效应的实验研究[J]. 中国激光, 2015, 42(5): 116-123.

[93] 姚瑶. 微尺度下纯铜箔的力学性能及弯曲回弹研究[D]. 济南: 山东大学, 2015.

[94] Gau J T, Chen P H, Gu H, et al. The coupling influence of size effects and strain rates on the formability of austenitic stainless steel 304 foil[J]. Journal of Materials Processing Technology, 2013, 213: 376-382.

[95] Bong H J, Barlat F, Lee M G, et al. The forming limit diagram of ferritic stainless steel sheets: Experiments and modeling[J]. International Journal of Mechanical Sciences, 2012, 64: 1-10.

[96] Sène N A, Balland P, Arrieux R, et al. An experimental study of the microformability of very thin materials[J]. Experimental Mechanics, 2013, 53: 155-162.

[97] Diehl A, Vierzigmann U, Engel U. Characterisation of the mechanical behaviour and the forming limits of metal foils using a pneumatic bulge test[J]. International Journal of Material Forming, 2009, 2: 605-608.

[98] Sahu J, Mishra S. Limit dome height test of very thin brass sheet considering the scaling effect[J]. Procedia Manufacturing, 2018, 15: 931-939.

[99] 徐竹田. 金属薄板介观尺度成形极限建模与实验研究[D]. 上海: 上海交通大学, 2014.

[100] Dubos P A, Hug E, Thibault S, et al. Size effects in thin face-cen-tered cubic metals for different complex forming loadings[J]. Metallurgical and Materials Transactions A, 2013, 44: 5478-5487.

[101] Chen C H, Lee R S, Gau J T. Size effect and forming-limit strain prediction for microscale sheet metal forming of stainless steel 304[J]. The Journal of Strain Analysis for Engineering Design, 2010, 45(4): 283-299.

[102] Meng B, Shi J, Zhang Y, et al. Feasibility evaluation of failure models for predicting forming limit of metal foils[J]. Chinese Journal of Aeronautics, 2019, 11: 1-11.

[103] Diehl A, Engel U, Geiger M. Influence of microstructure on the mechanical properties and the forming behaviour of very thin metal foils[J]. International Journal of Advanced Manufacturing Technology, 2010, 47: 53-61.

[104] Dubos P A, Hug E, Simon T, et al. Strain path influence on size effects during thin sheet copper microforming[J]. International Journal of Materials and Product Technology, 2013, 47: 3-11.

[105] Ben H R, Thibaud S, Gilbin A, et al. Influence of the initial grain size in single point incremental forming process for thin sheets metal and microparts: Experimental investigations[J]. Materials & Design, 2013, 45: 155-165.

[106] Zahedi A, Dariani B M, Mirnia M J. Experimental determination and numerical prediction of necking and fracture forming limit curves of laminated Al/Cu sheets using a damage plasticity model[J]. International Journal of Mechanical Sciences, 2019, 153: 341-358.

[107] Tseng H C, Hung C, Huang C C. An analysis of the formability of aluminum/copper clad metals with different thicknesses by the finite element method and experiment[J]. International Journal of Advanced Manufacturing Technology, 2010, 49: 1029-1036.

[108] Tseng H C, Hung J C, Hung C. Experimental and numerical analysis of titanium/aluminum clad metal sheets in sheet hydroforming[J]. International Journal of Advanced Manufacturing Technology, 2011, 54: 93-111.

[109] Sun T, Liang J, Guo X, et al. Optical measurement of forming limit and formability of Cu/Al clad metals[J]. Journal of Materials Engineering and Performance, 2015, 24: 1426-1433.

[110] Afshin E, Kadkhodayan M. An experimental investigation into the warm deep-drawing process on laminated sheets under various grain sizes[J]. Materials & Design, 2015, 87: 25-35.

[111] Liu H, Zhang W, Gau J T. Microscale laser flexible dynamic forming of Cu/Ni laminated composite metal sheets[J]. Journal of Manufacturing Processes, 2018, 35: 51-60.

[112] Swift H W. Plastic instability under plane stress[J]. Journal of the Mechanics and Physics of Solids, 1952, 1(1): 1-18.

[113] Hill R. On discontinuous plastic states, with special reference to localized necking in thin sheets[J]. Journal of the Mechanics and Physics of Solids, 1952, 1(1): 19-30.

[114] Marciniak Z, Kuczyński K. Limit strains in the processes of stretch-forming sheet metal[J]. International Journal of Mechanical Sciences, 1967, 9: 609-620.

[115] Ran J Q, Fu M W. A hybrid model for analysis of ductile fracture in micro-scaled plastic deformation of multiphase alloys[J]. International Journal of Plasticity, 2014, 61: 1-16.

[116] Stoudt M R, Levine L, Creuziger A, et al. The fundamental relationships between grain orientation, deformation-induced surface roughness and strain localization in an aluminum alloy[J]. Materials Science & Engineering A, 2011, 530:107-116.

[117] Guangnan C, Huan S, Shiguang H, et al. Roughening of the free surfaces of metallic sheets during stretch forming[J]. Materials Science and Engineering A, 1990, 128: 33-38.

[118] Parmar A, Mellor P B, Chakrabarty J. A new model for the prediction of instability and limit strains in thin sheet metal[J]. International Journal of Mechanical Sciences, 1977, 19(7): 389-398.

[119] Jain M, Lloyd D J, MacEwen S R, et al. Surface roughness and biaxial tensile limit strains of sheet aluminium alloys[J]. International Journal of Mechanical Sciences, 1996, 38: 219-232.

[120] Cheng C, Wan M, Meng B. Size effect on the forming limit of sheet metal in micro-scaled plastic deformation considering free surface roughening[J]. Procedia Engineering, 2017, 207: 1010-1015.

[121] Yamaguchi K, Takakura N, Imatani S. Increase in forming limit of sheet metals by removal of surface roughening with plastic strain (Balanced biaxial stretching of aluminium sheets and foils[J]. Journal of Materials Processing Technology, 1995, 48: 27-34.

[122] Stachowicz F. On the connection between microstructure and surface roughness of brass sheets

and their formability[J]. Acta Mechanica, 2016, 227: 253-262.

[123] Manabe K, Shimizu T, Koyama H. Evaluation of milli-scale cylindrical cup in two-stage deep drawing process[J]. Journal of Materials Processing Technology, 2007, 187-188: 245-249.

[124] Manabe K, Shimizu T, Koyama H, et al. Validation of FE simulation based on surface roughness model in micro-deep drawing[J]. Journal of Materials Processing Technology, 2008, 204(1-3): 89-93.

[125] Hu Z, Schubnov A, Vollertsen F. Tribological behaviour of DLC-films and their application in micro deep drawing[J]. Journal of Materials Processing Technology, 2012, 212(3): 647-652.

[126] Vollertsen F, Hu Z, Niehoff H S, et al. State of the art in micro forming and investigations into micro deep drawing[J]. Journal of Materials Processing Technology, 2004, 151(1-3): 70-79.

[127] Gau J T, Teegala S, Huang K M, et al. Using micro deep drawing with ironing stages to form stainless steel 304 micro cups[J]. Journal of Manufacturing Processes, 2013, 15(2): 298-305.

[128] Fu M W, Yang B, Chan W L. Experimental and simulation studies of micro blanking and deep drawing compound process using copper sheet[J]. Journal of Materials Processing Technology, 2013, 213(1): 101-110.

[129] Razali A R, Qin Y. A review on micro-manufacturing, micro-forming and their key issues[J]. Procedia Engineering, 2013, 53: 665-672.

[130] Peker M F, Cora Ö N, Koç M. Investigations on the variation of corrosion and contact resistance characteristics of metallic bipolar plates manufactured under long-run conditions[J]. International Journal of Hydrogen Energy, 2011, 36(23): 15427-15436.

[131] Jin C K, Koo J Y, Kang C G. Fabrication of stainless steel bipolar plates for fuel cells using dynamic loads for the stamping process and performance evaluation of a single cell[J]. International Journal of Hydrogen Energy, 2014, 39(36): 21461-21469.

[132] Peng L, Yi P, Lai X. Design and manufacturing of stainless steel bipolar plates for proton exchange membrane fuel cells[J]. International Journal of Hydrogen Energy, 2014, 39(36): 21127-21153.

[133] Peng L, Hu P, Lai X, et al. Investigation of micro/meso sheet soft punch stamping process—Simulation and experiments[J]. Materials & Design, 2009, 30(3): 783-790.

[134] Lücke H U, Hartl C, Abbey T. Hydroforming[J]. Journal of Materials Processing Technology, 2001, 115(1): 87-91.

[135] 苑世剑, 何祝斌, 刘钢, 等. 内高压成形理论与技术的新进展[J]. 中国有色金属学报, 2011, (10): 2523-2533.

[136] 郎利辉, 李涛, 周贤宾. 先进充液柔性成形技术及其关键参数研究[J]. 中国机械工程, 2008, (S1):19-21.

[137] Geiger M, Cojutti M. Integration of double sheet and tube hydroforming processes: Numerical investigation of the feasibility of a complex part[J]. International Journal of Computational Materials Science & Surface Engineering, 2009, 2(1-2): 110-117.

[138] Koç M, Agcayazi A, Carsley J. An experimental study on robustness and process capability of the warm hydroforming process[J]. Journal of Manufacturing Science and Engineering, 2011, 133(2): 021008-021008.

[139] Yuan S J, Han C, Wang X S. Hydroforming of automotive structural components with rectangular-sections[J]. International Journal of Machine Tools and Manufacture, 2006, 46(11): 1201-1206.

[140] 刘欣, 徐永超, 苑世剑. 铝合金异型曲面件液压成形过程[J]. 中国有色金属学报, 2011, 21: 417-422.

[141] Lang L, Li T, An D, et al. Investigation into hydromechanical deep drawing of aluminum alloy—Complicated components in aircraft manufacturing[J]. Materials Science and Engineering A, 2009, 499(1-2): 320-324.

[142] Lang L, Wang Y, Xie Y, et al. Pre-bulging effect during sheet hydroforming process of aluminum alloy box with unequal height and flat bottom[J]. Transactions of Nonferrous Metals Society of China, 2012, 22: 302-308.

[143] Mahabunphachai S, Koç M. Investigation of size effects on material behavior of thin sheet metals using hydraulic bulge testing at micro/meso-scales[J]. International Journal of Machine Tools and Manufacture, 2008, 48(9): 1014-1029.

[144] Diehl A, Staud D, Engel U. Investigation of the mechanical behaviour of thin metal sheets using the hydraulic bulge test[C]. Proceedings of the 4th International Conference Multi-Material Micro Manufacture, Cardiff, 2008: 9-11.

[145] Hartl C. Research and advances in fundamentals and industrial applications of hydroforming. Journal of Materials Processing Technology, 2005, 167(2): 383-392.

[146] Peng L, Liu D, Hu P, et al. Fabrication of metallic bipolar plates for proton exchange membrane fuel cell by flexible forming process-numerical simulations and experiments[J]. Journal of Fuel Cell Science & Technology, 2010, 7(3): 299-302.

[147] Jeong M G, Jin C K, Hwang G W, et al. Formability evaluation of stainless steel bipolar plate considering draft angle of die and process parameters by rubber forming[J]. International Journal of Precision Engineering & Manufacturing, 2014, 15(5): 913-919.

[148] Lim S S, Kim Y T, Kang C G. Fabrication of aluminum 1050 micro-channel proton exchange membrane fuel cell bipolar plate using rubber-pad-forming process[J]. International Journal of Advanced Manufacturing Technology, 2013, 65(1-4): 231-238.

[149] Son C Y, Jeon Y P, Kim Y T, et al. Evaluation of the formability of a bipolar plate manufactured from aluminum alloy Al 1050 using the rubber pad forming process[J]. Proceedings of the Institution of Mechanical Engineers Part B Journal of Engineering Manufacture, 2012, 226(5): 909-918.

[150] Elyasi M, Khatir F A, Hosseinzadeh M. Manufacturing metallic bipolar plate fuel cells through rubber pad forming process[J]. International Journal of Advanced Manufacturing Technology, 2017, 89(9-12): 3257-3269.

[151] Jin C K, Min G J, Kang C G. Effect of rubber forming process parameters on micro-patterning of thin metallic plates [J]. Procedia Engineering, 2014, 81: 1439-1444.

[152] Liu Y, Lin H. Fabrication of metallic bipolar plate for proton exchange membrane fuel cells by rubber pad forming[J]. Journal of Power Sources, 2010, 195(11): 3529-3535.

[153] 魏曦. 燃料电池金属极板冲压过程有限元模拟及工艺优化[D]. 武汉: 武汉理工大学, 2010.

第2章 铜/镍复层箔微拉伸流动应力尺度效应

2.1 引　言

尺度效应现象是薄板介观尺度变形行为区别于厚板宏观尺度变形行为的主要特征。对于单金属薄板，随着厚度的降低或晶粒尺寸的增大，厚度方向上的晶粒数量(t/d)将降低至某一临界值，此时薄板的机械性能、变形行为和断裂行为表现出与宏观尺度明显的差异性。而对于复层箔，两种不同属性的金属产生尺度效应的临界值不同，增大了开展复层箔塑性变形及断裂行为研究的困难。因此复层箔尺度效应产生的临界特征尺寸需要被确定，从而进一步探究尺度效应对 Cu/Ni 复层箔塑性变形及断裂失效的作用规律。

本章通过对不同特征尺寸的 Cu/Ni 复层箔进行单向拉伸实验获取其流动应力曲线，通过分析特征尺寸与真实应力的关系确定 Cu/Ni 复层箔出现流动应力尺度效应时的临界特征尺寸。通过处理应力-应变曲线、有限元模拟和观察断口形貌分析尺度效应对 Cu/Ni 复层箔流动应力、加工硬化和断裂行为的作用规律，为开展 Cu/Ni 复层箔成形极限实验及分析尺度效应对极限应变的作用规律奠定基础。

2.2　实验材料及方案

2.2.1　实验材料及处理

图 2.1 为 Cu/Ni 复层箔制备工艺流程，厚度 1.5mm 镍板和 1.5mm 铜板经过

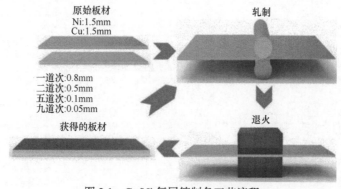

图 2.1　Cu/Ni 复层箔制备工艺流程

一道次大下压量轧制到 0.8mm，然后进行中间退火，经过二道次到 0.5mm，然后进行中间退火，经过五道次到 0.1mm，然后进行中间退火，经过九道次到 0.05mm，最终分别得到 0.5mm、0.1mm 和 0.05mm 的 Cu/Ni 复层箔。图 2.2 为显微镜下观察到的 Cu/Ni 复层箔厚向截面图，表 2.1 为纯铜和纯镍的主要材料参数。

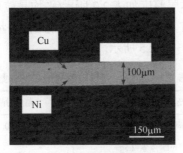

图 2.2　Cu/Ni 复层箔厚向截面图

表 2.1　铜、镍主要材料参数

金属	铜	镍
熔点/℃	1083	1453
晶体结构	面心立方	面心立方
弹性模量/GPa	108	210
电阻率/($\Omega \cdot$m)	1.75×10^{-8}	6.84×10^{-8}
导热系数/(W/(m·K))	401	91
再结晶温度/℃	379~433	509~582
密度/(g/cm³)	8.9	8.9

2.2.2　实验方案

1. 金相实验

为了获得不同晶粒尺寸的 Cu/Ni 复层箔来研究尺度效应对 Cu/Ni 复层箔流动应力和变形行为的影响，首先要确定热处理工艺。热处理设备为国产小型真空气氛管式炉，热处理过程采用氮气保护，防止材料氧化。厚度为 50μm、100μm、500μm 的 Cu/Ni 复层箔试样经过不同制度的热处理后，再经过镶样、抛光、腐蚀后放在光学显微镜下观察其 Cu 层和 Ni 层表面和厚度方向的微观组织。由于要获得多种晶粒尺寸的试样，不同厚度的试样要进行多种不同温度的退火，厚度越大退火温度范围越大。经过电解抛光和腐蚀可获得热处理后 Cu/Ni 复层箔轧制方向上的微观组织，表 2.2 为纯铜、纯镍电解抛光工艺参数，表 2.3 为铜层、镍层轧制方向微观组织观察用腐蚀液成分。复层箔厚度方向镍层和铜层先后选择特定腐蚀液进行腐蚀并获得厚向铜层和镍层微观组织，表 2.4 为铜层、镍层厚度方向微观组织观察用腐蚀液参数。Cu/Ni 复层箔拉伸断裂试样断口附近厚向微观组织观察方法和原始材料厚向组织观察方法相近，腐蚀液参数如表 2.5、表 2.6 所示。热处理制度与获得的晶粒尺寸及基体层厚度如表 2.7 所示(平均晶粒直径采用《铜及铜合金　平均晶粒度测定方法》YS/T 347—2004 标准中的截距法测量)，不同热处理制度下观察到的微观组织如图 2.3～图 2.5 所示。

表 2.2　纯铜、纯镍电解抛光工艺参数

材料	电解抛光液	电流/A	抛光时间/s	抛光温度/℃	负极材料
镍	浓硫酸 60mL+去离子水 40mL	0.7～0.75	120	5～6	铅
铜	磷酸 125mL+乙醇 125mL+尿素 2.5g+ 异丙醇 5mL+水 250mL	0.8～0.85	40～90	5～6	铅

表 2.3　铜层、镍层轧制方向微观组织腐蚀液成分

材料	腐蚀剂
镍/铜	氯化铁:盐酸:无水乙醇=5g:2mL:50mL

表 2.4　铜层、镍层厚度方向微观组织腐蚀液参数

材料	腐蚀液	腐蚀时间/s
镍	硝酸:乙酸=1:1	10～20
铜	氯化铁:盐酸:水=2.5g:10mL:50mL	10～20

表 2.5　变形后铜层、镍层轧制方向微观组织腐蚀液参数

材料	腐蚀剂	腐蚀时间/s
镍/铜	氯化铁:盐酸:蒸馏水=5g:15mL:100mL	10～50

表 2.6　变形后铜层、镍层厚向微观组织腐蚀液参数

材料	腐蚀液	腐蚀时间/s
镍	硝酸:乙酸=1:1	3～5
铜	冰乙酸:磷酸:硝酸=55:30:15	1～2

表 2.7　热处理制度及铜层和镍层的晶粒尺寸和厚度

试样厚度/μm	退火温度/℃	保温时间/min	Cu层厚度 t_{Cu}/μm	Cu层晶粒尺寸 d_{Cu}/μm	偏差/μm	t_{Cu}/d_{Cu}	Ni层厚度 t_{Ni}/μm	Ni层晶粒尺寸 d_{Ni}/μm	偏差/μm	t_{Ni}/d_{Ni}
50	600	20	22.3	50.0	3.8	0.45	20.9	20.9	1.7	1.00
	600	40	20.3	59.8	3.6	0.34	19.7	26.4	1.2	0.74
	600	60	19.3	66.4	4.3	0.29	18.6	29.9	2.5	0.62
	700	60	17.8	80.8	4.2	0.22	15.6	35.5	3.9	0.44
	800	60	17.2	85.4	5.2	0.20	14.4	43.2	2.9	0.33
	850	60	17.0	94.7	5.3	0.18	14.1	50.7	2.9	0.28
100	600	20	52.4	59.2	6.1	0.89	44.1	29.4	1.7	1.50
	600	40	51.8	67.2	2.8	0.77	43.8	32.4	2.8	1.35
	600	60	50.7	74.7	4.5	0.68	43.3	35.9	2.0	1.20
	700	60	48.7	87.9	5.2	0.55	42.2	38.4	3.0	1.10
	800	60	46.0	100.9	6.8	0.46	40.9	43.5	4.9	0.94
	850	60	44.9	113.4	11.6	0.40	40.4	51.5	4.6	0.78
	900	60	43.8	131.1	12.2	0.33	39.9	62.2	1.7	0.64
500	600	20	290.7	72.1	5.3	4.03	203.6	64.7	4.3	3.15
	600	40	289.5	78.4	3.2	3.69	200.4	69.9	4.2	2.87
	600	60	288.6	85.1	4.5	3.39	200.9	74.7	3.2	2.69
	700	20	289.4	75.7	6.5	3.82	202.7	71.1	3.5	2.85
	700	40	285.2	88.4	6.7	3.23	200.3	74.9	3.1	2.67
	700	60	284.3	102.1	5.6	2.78	199.1	76.5	2.8	2.60
	750	60	283.4	159.5	7.3	1.78	199.8	80.7	4.5	2.48
	800	60	281.6	211.1	4.2	1.33	198.5	83.6	5.3	2.37
	850	60	280.9	243.0	5.3	1.16	197.4	89.4	4.8	2.20
	900	60	280.1	276.8	8.3	1.01	196.3	92.0	4.3	2.13
	950	60	279.2	323.4	8.6	0.86	196.7	98.3	5.8	2.00
	1000	60	278.8	352.7	9.5	0.79	196.3	121.5	6.2	1.62
	1025	60	278.8	387.6	12.5	0.72	195.6	155.6	6.8	1.26

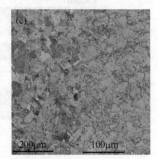

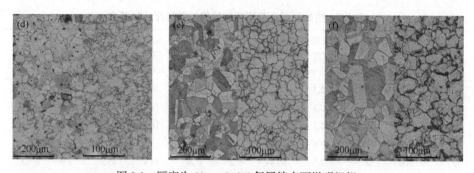

图 2.3　厚度为 50μm Cu/Ni 复层箔表面微观组织

(a) 600℃，20min；(b) 600℃，40min；(c) 600℃，60min；(d) 700℃，60min；(e) 800℃，60min；(f) 850℃，60min

图 2.4　厚度为 10μm Cu/Ni 复层箔表面微观组织

(a) 600℃，20min；(b) 600℃，40min；(c) 600℃，60min；(d) 700℃，60min；(e) 800℃，60min；(f) 850℃，60min；
(g) 900℃，60min

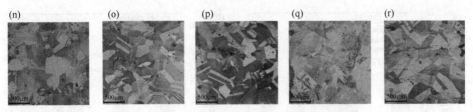

图 2.5 厚度为 500μm Cu/Ni 复层箔厚向微观组织

(a) 600℃，20min；(b) 600℃，40min；(c) 600℃，60min；(d) 700℃，20min；(e) 700℃，40min；(f) 700℃，60min；(g) 750℃，60min；(h) 800℃，60min；(i) 850℃，60min；(j) 900℃，60min；(k) 950℃，60min；(l) 1000℃，60min；(m) 1025℃，60min；(n) 850℃，60min；(o) 900℃，60min；(p) 950℃，60min；(q) 1000℃，60min；(r) 1025℃，60min

2. 线扫描实验

本节通过对不同厚度、不同热处理制度的 Cu/Ni 复层箔试样厚度方向的背散射及线扫描实验测定热处理前后 Cu 层和 Ni 层的厚度。背散射及线扫描实验通过扫描电子显微镜进行。

Cu/Ni 复层箔是由一定厚度的 Cu 层和 Ni 层轧制得到的，在轧制过程中由于 Cu 层和 Ni 层本身材料属性的不同，其压缩变形量有差异，最终得到的 Cu/Ni 复层箔的 Cu 层和 Ni 层的厚度不同。此外，界面层是 Cu/Ni 复层箔材料特有的结构，是 Cu 层和 Ni 层接触的地方在轧制和热处理过程中 Cu 原子和 Ni 原子相互扩散而形成的类似于铜镍固溶体的特殊结构。研究表明，界面层对于 Cu/Ni 复层箔之类的多层复层材料的作用不容忽视，因此通过线扫描实验可以确定界面层的结合情况和界面层厚度。线扫描实验通过扫描电子显微镜对 Cu/Ni 复层箔厚度方向拍摄背散射图片，通过能谱分析沿厚度方向随机直线上点的元素属性，从而获得 Cu 层、Ni 层和界面层的厚度。Cu/Ni 复层箔的厚度方向的背散射图和能谱分析过程如图 2.6 所示。从图 2.6(a) 可以看出，轧制后的 Cu/Ni 薄板结合程度良好。厚度为 50μm、100μm 和 500μm 的 Cu/Ni 复层箔的界面层和 Cu 层和 Ni 层的厚度如图 2.7 和图 2.8 所示。

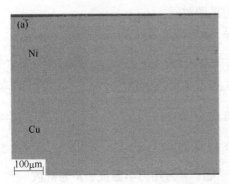
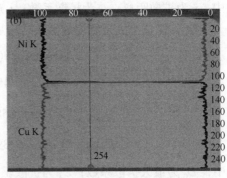

图 2.6 背散射实验

(a) 背散射图片；(b) 能谱分析

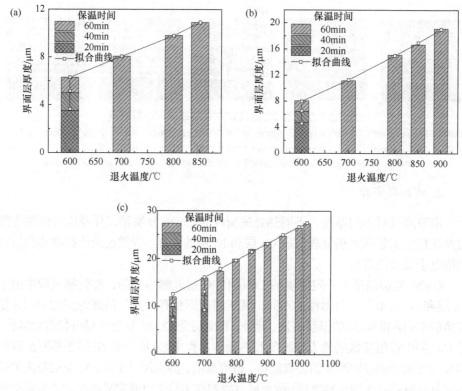

图 2.7　不同厚度的 Cu/Ni 复层箔的界面层厚度
(a) 50μm；(b) 100μm；(c) 500μm

　　Cu/Ni 复层箔的界面层是由原子扩散形成的，研究表明 Cu 层和 Ni 层是相互扩散的，扩散距离由扩散系数(D)和扩散时间决定，如式(2-1)所示。

$$x = 2\sqrt{Dt} \tag{2-1}$$

式中，x 为扩散距离；D 为扩散系数；t 为扩散时间。

　　扩散系数 D 是关于温度的函数，满足 Arrhenius 公式：

$$D = D_0 \exp(-E_A / RT) \tag{2-2}$$

$$D_{50\mu m} = 3.84 \exp(-45.39 / 0.010T) \times 10^{-8} \tag{2-3}$$

$$D_{100\mu m} = 4.02 \exp(-50.02 / 0.008T) \times 10^{-8} \tag{2-4}$$

$$D_{500\mu m} = 1.27 \exp(-39.37 / 0.009T) \times 10^{-8} \tag{2-5}$$

式中，D_0 为最大扩散系数；E_A 为扩散驱动能；T 为热力学温度；R 为常数。

　　通过对实验数据的拟合，从每个厚度试样中挑选任意三个试样，将其界面层厚度、热处理温度和保温时间代入式(2-2)进行参数求解，得到不同厚度的 Cu/Ni

复层箔在不同热处理温度下的扩散系数。通过式(2-3)、式 (2-4)、式(2-5)预测的不同厚度 Cu/Ni 复层箔的界面层厚度如图 2.7 所示，预测结果和实验值较为符合。Cu/Ni 复层箔界面层厚度随着热处理温度的升高和保温时间的延长而逐渐增加。此外界面层厚度增大的同时也导致基体层厚度的降低，如图 2.8 所示。

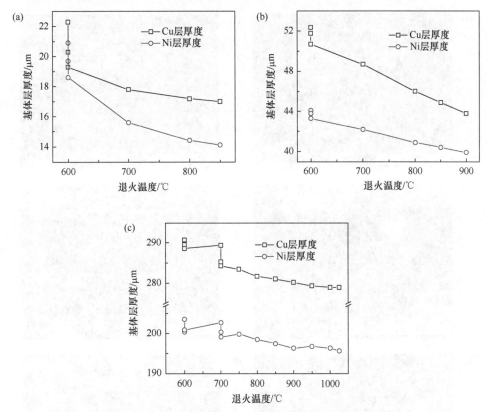

图 2.8　不同厚度的 Cu/Ni 复层箔的 Cu 层和 Ni 层厚度
(a) 50μm；(b) 100μm；(c) 500μm

3. EBSD 实验

本实验采用场发射电子显微镜(型号为 MERLIN Compact)表征复合板的微观形貌，分为扫描电子显微镜(scanning electron microscope，SEM)模式和电子背散射衍射(electron backscattered diffraction，EBSD)模式，配有 EBSD 附件对电解抛光好的试样基体层表面进行织构分析。EBSD 实验的试样要求表面光滑平整且无应力，需要对试样表面进行电解抛光。由于 Cu/Ni 复层箔轧制表面较为平整，直接通过电解抛光即可制备 EBSD 试样。由于试样表面分为两种不同的材料，需分别进行电解抛光。电解抛光溶液组成成分及电解抛光参数见表 2.2。

　　研究表明，材料织构是产生薄板各向异性的主要原因[1-3]。为了探究 Cu/Ni 复层箔各向异性产生的原因，对经过不同温度热处理获得试样的表面层(铜层和镍层)分别进行 EBSD 实验分析。图 2.9 为不同热处理温度试样的铜层和镍层晶粒图。图 2.10 为不同热处理温度试样的铜层和镍层极图。

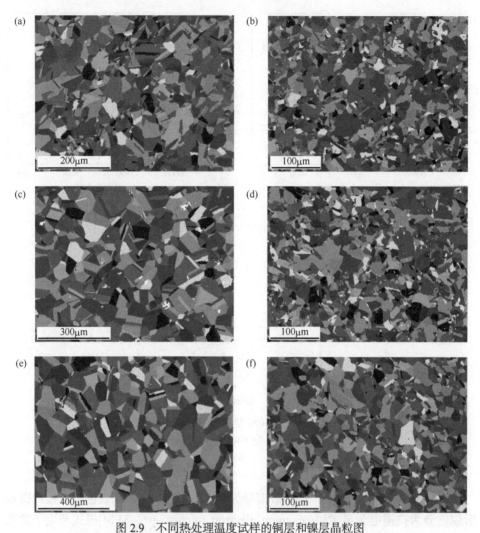

图 2.9　不同热处理温度试样的铜层和镍层晶粒图

Cu 层 (a) 热处理温度 600℃；(c) 热处理温度 750℃；(e) 热处理温度 850℃
Ni 层 (b) 热处理温度 600℃；(d) 热处理温度 750℃；(f) 热处理温度 850℃

　　根据与标准极图的对比，由图 2.10 可以看出，随着热处理温度的升高 Cu 层和 Ni 层晶粒取向相差不多，而且强度较低，并没有产生强度高、取向不同的组织。因此，可以确定 Cu/Ni 复层箔随着热处理温度的升高产生明显流动应力变化并不是由 Cu 层和 Ni 层形成新的织构引起的。界面在层压复合材料的力学行为中起着至关重要的作用，在现有的研究[4-7]中发现，金属层状材料的界面起到提高材料强韧化的作用，因此介观尺度下复层材料的塑性变形行为研究务必考虑界面层及其与微观组织耦合对材料性能的影响。有研究[7]指出，界面能够促进金属复层箔中的其他变形机制，如变形孪晶，以促进应变硬化和延展性。铜和镍在界面层处会形成铜镍固溶合金，界面层以及铜层和镍层的状态会随着热处理温度的升高而发生改变。这些改变会对 Cu/Ni 复层箔的力学性能产生一定的影响。

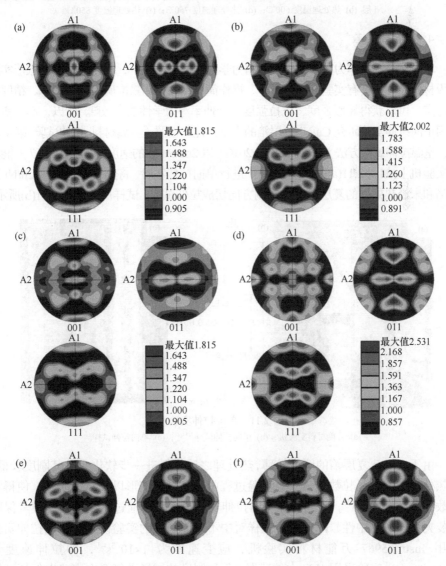

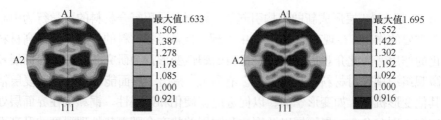

图 2.10　不同热处理温度试样的铜层和镍层极图

Cu 层　(a) 热处理温度 600℃；(c) 热处理温度 750℃；(e) 热处理温度 850℃

Ni 层　(b) 热处理温度 600℃；(d) 热处理温度 750℃；(f) 热处理温度 850℃

4. 微拉伸实验

单向拉伸实验作为重要的研究材料力学性能的方法之一，相比于弯曲、胀形实验等板材研究方法具有实验影响参量少、操作简单、数据测量准确、分析简单、精度高等优点，可以获得屈服强度、抗拉强度、延伸率等力学性能参数[8]。所以，本次实验采用单向拉伸实验研究 Cu/Ni 复层箔的力学性能。按照《金属材料 拉伸试验 第 1 部分：室温拉伸试验方法》GB/T 228.1−2010，以 2mm/min 的速度在 Instron5967 万能材料实验机上(如图 2.11(a)所示)在室温下进行单向拉伸实验，将热处理过后的 Cu/Ni 复层箔和未经热处理的复层箔板沿轧制方向切成拉伸试样，试样尺寸如图 2.11(b)所示。

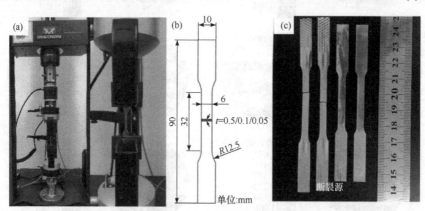

图 2.11　单向拉伸实验

(a) 万能材料实验机；(b) 单向拉伸试样尺寸；(c) 单向拉伸试样

由于 Cu/Ni 复层箔的厚度较薄，热处理之后材料进一步软化导致其刚度较低，且热处理后厚向晶粒数量较少，实验过程中极易导致变形以及对中问题，使得实验数据分散性较大[9]。因此，在单向拉伸实验过程中，通过定制的对中模具保障其装夹试样的对中性，降低由于试样对中不好而引起的实验误差。单向拉伸实验采用 Instron5967 万能材料实验机，应变速率为 $1 \times 10^{-3} s^{-1}$，即拉伸速度为 1.92mm/min。实验采用 1kN 力传感器。每种制度的试样重复五次实验以保证试样的可重复性和准确性。

2.3　真实应力-应变曲线分析

2.3.1　晶粒尺寸/界面尺度效应

真实应力-应变曲线能够反映材料的力学性能等材料性能,是表征材料性能最常用的手段[10]。真实应力-应变曲线的有效分析能够充分显示 Cu/Ni 复层箔在尺度效应影响下材料强度及变形行为的变化情况。图 2.12 是不同厚度、不同晶粒尺寸

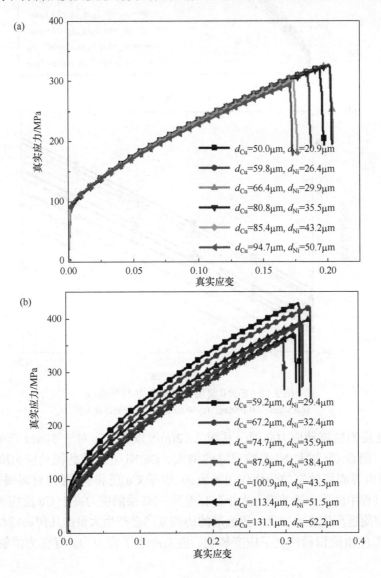

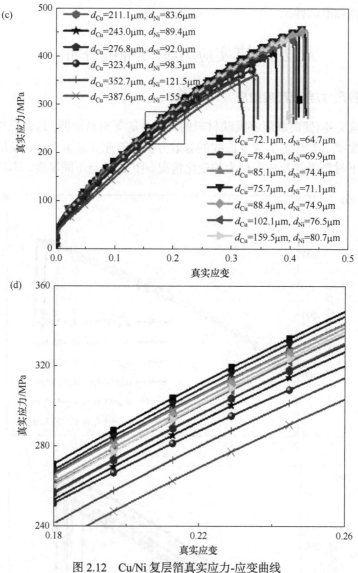

图 2.12　Cu/Ni 复层箔真实应力-应变曲线

(a) 50μm；(b) 100μm；(c) 500μm；(d)(c) 的局部放大图

Cu/Ni 复层箔的流动应力曲线。从图 2.12(a)可以看出，对于 50μm 厚的 Cu/Ni 复层箔，随着 Cu 层和 Ni 晶粒尺寸的增大，Cu/Ni 复层箔的流动应力降低不明显，这是由界面层效应的强化作用导致的。由于 Cu 层和 Ni 层的材料属性不同，在变形过程中两层金属的应力大小存在差异，Ni 层的应力高于 Cu 层应力，这就在界面层附近产生应力梯度。界面层的协调变形会产生大量的几何必需位错[11]。几何必需位错的积累产生了应变梯度，进而产生了背应力。背应力能够提高材料的强度和延展性[12]。对于 50μm 的 Cu/Ni 复层箔,界面层占比为 10%~20%,界面层对 Cu/Ni 复层箔整体力学性能的影响已达到不可忽略程度。随着热处理温度的升高,基体 Cu 层和 Ni 层的晶粒尺寸增大而导致其流动应力降低,同时热处理温度的升高导致界面层厚度增加,进而引起界面强化作用增强,热处理温度增加引起的基体弱化和界面强化耦合作用,整体上并未引起材料流动应力明显下降。从图 2.12(b)和(c)可以很明显地看出,厚度为 100μm 和 500μm 的 Cu/Ni 复层箔流动应力明显受尺度效应的影响,表明随着 Cu 层和 Ni 晶粒尺寸的增大,Cu/Ni 复层箔的流动应力明显下降,而且复层箔厚度越大,流动应力下降趋势越明显。这与对纯 Cu[13]、纯 Ni[14]薄板的单向拉伸实验结果类似。

为了确切地描述尺度效应对 Cu/Ni 复层箔流动应力的影响,统计了不同晶粒尺寸的 Cu/Ni 复层箔在 ε=0.1、0.2、0.3 下的真实应力,如图 2.13、图 2.14 和图 2.15 所示。图 2.13、图 2.14 和图 2.15 分别显示了 50μm、100μm 和 500μm 厚的 Cu/Ni 复层箔的 Cu 层和 Ni 层的晶粒尺寸($d_{Cu}^{-1/2}$ 和 $d_{Ni}^{-1/2}$)对真实应力的影响。图 2.13(a1)、(a2)是图 2.13(a)中左右两侧的投影图,分别是显示 Ni 层和 Cu 晶粒尺寸对于真实应力的影响。其他图也是类似的排布。从图 2.13 可以看出,50μm 厚的 Cu/Ni

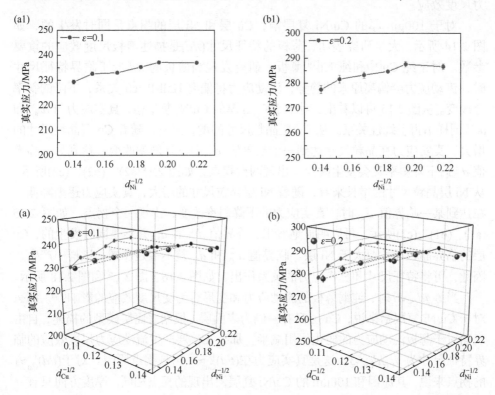

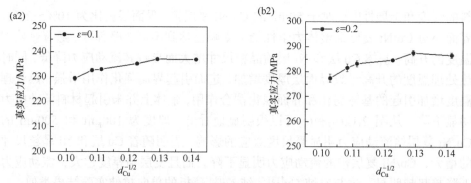

图 2.13　50μm 厚 Cu/Ni 复层箔 Cu 和 Ni 层的晶粒尺寸($d_{Cu}^{-1/2}$ 和 $d_{Ni}^{-1/2}$)对真实应力的影响
(a) ε=0.1；(b) ε=0.2；(a1) (b1) Ni 层晶粒；(a2) (b2) Cu 层晶粒

复层箔真实应力随着 $d_{Cu}^{-1/2}$ 和 $d_{Ni}^{-1/2}$ 的增大变化很小，这是由于尺度效应和界面层效应的共同作用。图 2.14 可以看出，对于 100μm 厚的 Cu/Ni 复层箔，当 Cu 层和 Ni 层晶粒增大到临界值时，真实应力与 $d_{Cu}^{-1/2}$ 和 $d_{Ni}^{-1/2}$ 不再呈线性关系，出现一个拐点即临界值，使得真实应力不再满足 Hall-Petch 关系，这就是流动应力尺度效应。

对于 100μm 厚的 Cu/Ni 复层箔，Cu 层和 Ni 层的拐点是同时发生的，如图 2.14 所示。大量研究表明，薄板的特征尺寸(t/d)是描述薄板尺度效应的重要参数。对于纯 Cu[13] 和纯 Ni[14] 薄板，研究发现当薄板的 t/d 低于临界特征尺寸时，流动应力会偏离原来的趋势，流动应力将偏离 Hall-Petch 关系，下降的斜率会改变。从图 2.15 可以看出，对于 500μm 厚的 Cu/Ni 复层箔，真实应力与 $d_{Cu}^{-1/2}$ 和 $d_{Ni}^{-1/2}$ 同样不再呈线性关系。从 Cu 层晶粒尺寸的增长来看，随着 Cu 层晶粒尺寸的增大，真实应力在晶粒尺寸达到一个临界值 d_{Cu}^{1} 后下降斜率改变，达到另一临界值 d_{Cu}^{2} 后下降斜率又会发生改变，出现两次拐点，如图 2.15(a2)、(b2)、(c2)所示。从 Ni 层晶粒尺寸的增长来看，随着 Ni 层晶粒尺寸的增大，真实应力逐渐降低，在达到某一临界值 d_{Ni} 时，真实应力的下降斜率改变，出现一个拐点，如图 2.15 (a1)、(b1)、(c1)所示。可以明显地看出，临界值 d_{Cu}^{1} 和 d_{Ni} 并不是同时发生的，Cu 层的临界晶粒尺寸要大于 Ni 层。临界值 d_{Cu}^{2} 和 d_{Ni} 差不多是在同一试样中产生，因此，可将特征尺寸和真实应力的关系作出，如图 2.16、图 2.17 和图 2.18 所示。

当 t_{Cu}/d_{Cu}<6 时，纯铜薄板的流动应力和变形行为受尺度效应的影响[13]。那么对于 Cu/Ni 复层箔来说，Cu 层只有一侧为表面层，根据表面层模型的描述，自由表面对于薄板流动应力的弱化作用减半，那么 Cu 层产生流动应力尺度效应的临界特征尺寸为 $t_{Cu}/d_{Cu}\approx3$。这是真实应力在$(t/d)_{Cu}\approx3$ 出现拐点原因。对于$(t/d)_{Cu}^{1}\approx1$的拐点来说，其原因和 100μm 的 Cu/Ni 复层箔出现的拐点相同。厚度方向只有一

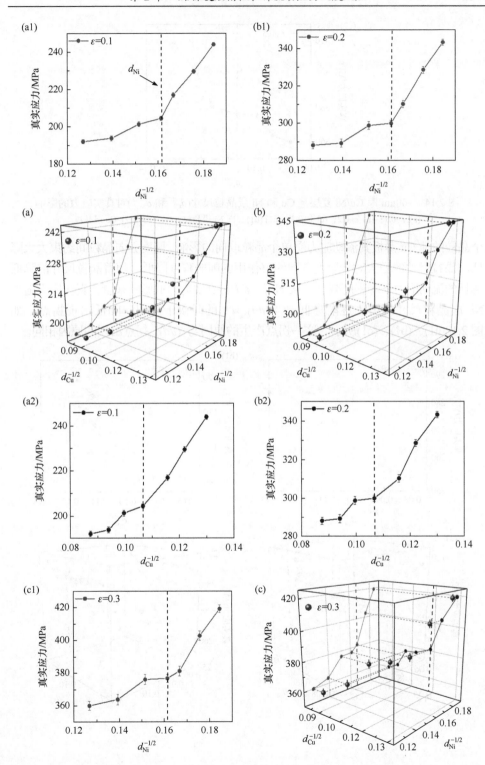

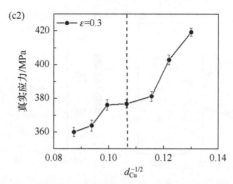

图 2.14　100μm 厚 Cu/Ni 复层箔 Cu 和 Ni 层晶粒尺寸($d_{Cu}^{-1/2}$ 和 $d_{Ni}^{-1/2}$)对真实应力的影响

(a) ε=0.1；(b) ε=0.2；(c) ε=0.3；(a1)(b1)(c1) Ni 层晶粒；(a2)(b2)(c2) Cu 层晶粒

个晶粒的纯 Cu 薄板其流动应力受单个晶粒取向的影响，厚度方向晶粒间约束大大降低。晶粒尺寸的增大对于厚度方向约束作用的削弱程度降低，随着晶粒尺寸的降低薄板的流动应力下降程度减小。从 Ni 层 t/d 对真实应力的影响来看，真实应力随着 Ni 层晶粒尺寸的增大逐渐降低，当 $(t/d)_{Ni}\approx 2$ 的时候下降斜率降低出现拐点，如图 2.18(a1)、(b1)、(c1)所示。这一拐点产生的原因与 $(t/d)_{Cu}^{1}$ 拐点出现的原因相同。

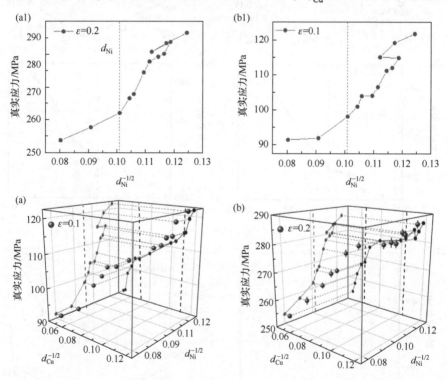

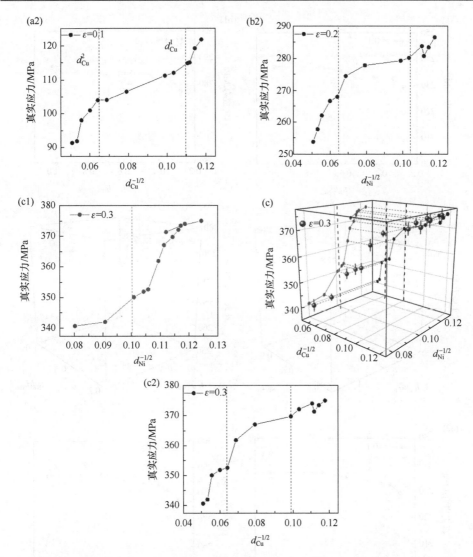

图 2.15　500μm 厚 Cu/Ni 复层箔 Cu 和 Ni 层晶粒尺寸($d_{\text{cu}}^{-1/2}$ 和 $d_{\text{Ni}}^{-1/2}$)对真实应力的影响

(a) $\varepsilon=0.1$；(b) $\varepsilon=0.2$；(c) $\varepsilon=0.3$；(a1)(b1)(c1) Ni 层晶粒；(a2)(b2)(c2) Cu 层晶粒

　　研究证明，纯 Ni 薄板产生流动应力尺度效应的临界特征尺寸为 $t_{\text{Ni}}/d_{\text{Ni}}=4$[14]。纯 Ni 薄板的流动应力在 $t_{\text{Ni}}/d_{\text{Ni}}<4$ 时偏离宏观 Hall-Petch 公式，产生流动应力尺度效应。对于 Cu/Ni 复层箔来说，Ni 层只有一侧为表面层，那么 Ni 层产生流动应力尺度效应的临界特征尺寸为 $t_{\text{Ni}}/d_{\text{Ni}}\approx2$。综上所述，Cu/Ni 复层箔的流动应力随着 Cu 层和 Ni 层晶粒尺寸的增大而降低，Cu/Ni 复层箔随着 Cu 层和 Ni 层晶粒尺寸的增大可分为以下几个方面。当 Cu 层 $t_{\text{Cu}}/d_{\text{Cu}}>3$ 且 Ni 层 $t_{\text{Ni}}/d_{\text{Ni}}>2$ 时，Cu/Ni 复层

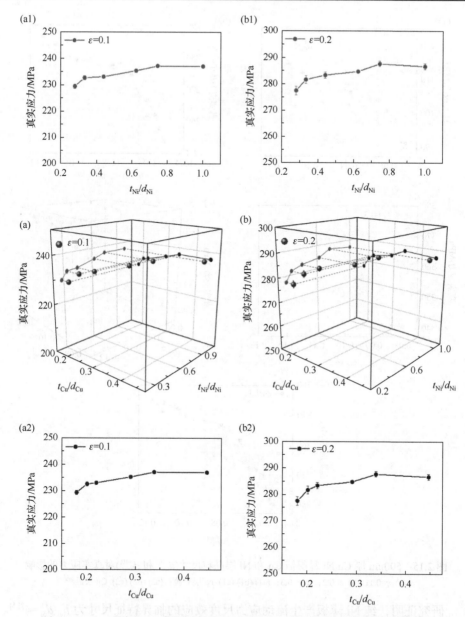

图 2.16 50μm 厚 Cu/Ni 复层箔的特征尺寸(t_{Cu}/d_{Cu} 和 t_{Ni}/d_{Ni})对真实应力的影响
(a) $\varepsilon=0.1$；(b) $\varepsilon=0.2$ ；(a1)(b1) Ni 层晶粒；(a2)(b2) Cu 层晶粒

箔处于完全宏观尺度，其变形行为可视作宏观多晶体变形，不会出现流动应力尺度效应。由于 Cu 层晶粒尺寸和增大速度要远大于 Ni 层，所以 Cu 层的特征尺寸先达到临界值。当 Cu 层 t_{Cu}/d_{Cu}<3 且 Ni 层 t_{Ni}/d_{Ni}>2 时，Cu 层特征尺寸低于临界值而产生流动应力尺度效应，Ni 层仍然属于多晶体变形。随着晶粒尺寸的增大，当 Ni 层 $t_{Ni}/d_{Ni}<2$ 时且 Cu 层 $t_{Cu}/d_{Cu}<1$ 时，Ni 层特征尺寸也低于临界值而产生流动应力尺度效应，此时 Cu 层厚度方向只有一个晶粒。特别地，当 Cu 层 $t_{Cu}/d_{Cu}<1$ 且 Ni 层 $t_{Ni}/d_{Ni}<1$ 时，Cu/Ni 复层箔的变形行为类似于单晶变形。

　　根据表面层模型的描述，薄板的表面并不等同于内部晶界，不具备像晶界阻碍位错运动和导致位错塞积的功能，因此表面层晶粒的硬化作用要明显弱于内部晶粒。特征尺寸的降低使得表面层晶粒在薄板中的比例逐渐增大，当低于临界特征尺寸后，表面层晶粒对流动应力的弱化作用已经不能被忽略，薄板的流动应力发生明显的下降而偏离宏观的 Hall-Petch 关系[15]。不同于单层薄板的流动应力尺度效应变化规律，当 Cu 层和 Ni 层的特征尺寸达到临界值后，其流动应力的降

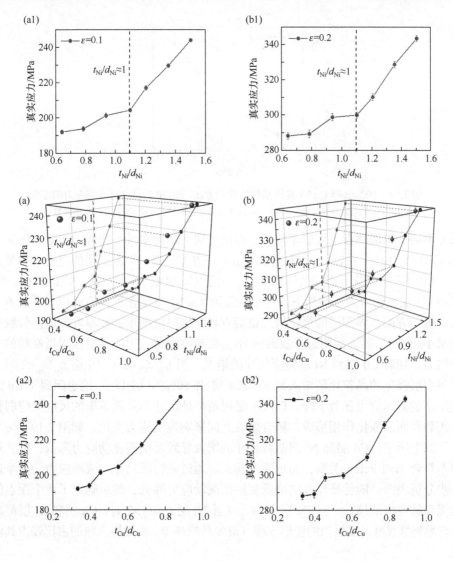

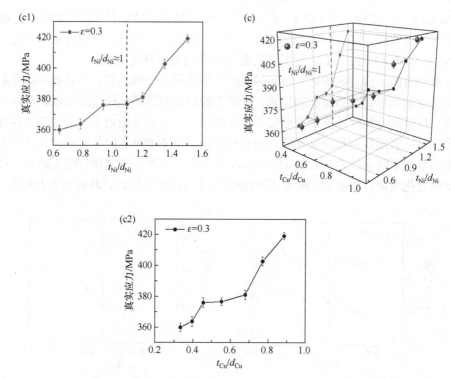

图 2.17　100μm 厚 Cu/Ni 复层箔的特征尺寸(t_{Cu}/d_{Cu} 和 t_{Ni}/d_{Ni})对真实应力的影响
(a) ε=0.1；(b) ε=0.2；(c) ε=0.3；(a1)(b1)(c1) Ni 层晶粒；(a2)(b2)(c2) Cu 层晶粒

低并不同于单层薄板下降斜率增大，而是呈现下降斜率减小趋势，如图 2.18(a1)、(a2)、(b1)、(b2)、(c1)、(c2)中虚线所示。一方面，Cu/Ni 复层箔的流动应力是由 Cu 层和 Ni 层以及界面层共同提供的，由于 Cu 层或 Ni 层只占一定的比例，Cu 层或 Ni 层流动应力的突然下降并不会导致 Cu/Ni 复层箔整体流动应力的显著降低。另一方面，界面层的强化效应也随着界面层厚度的增加和厚度方向晶粒数目的减小而增大。界面层附近形成的应力-应变梯度和背应力能够增强附近晶粒的变形抗力，随着 Cu 层和 Ni 层特征尺寸的增大，当 t_{Cu}/d_{Cu}<3 且 Ni 层 t_{Ni}/d_{Ni}<2 时，受界面层强化的晶粒比例增大到 33%(Cu 层)和 50%(Ni 层)以上，这也阻碍了 Cu/Ni 复层箔的流动应力显著下降。Cu/Ni 复层箔特征尺寸的降低带来的尺度效应弱化作用和界面层强化作用形成的耦合效应共同影响流动应力变化，如图 2.19 所示。

　　综上所述，Cu 层和 Ni 层晶粒尺寸的增大导致复层箔流动应力降低，但其规律不符合 Hall-Petch 关系，出现两个拐点。通过对特征尺寸与流动应力的关系进一步分析表明，随特征尺寸的降低复层箔流动应力降低，然后确定了两个拐点的位置和临界特征尺寸。当 Cu 层 t_{Cu}/d_{Cu}>3 且 Ni 层 t_{Ni}/d_{Ni}>2 时，Cu 层和 Ni 层都高于临界特征尺寸，复层箔的变形过程有很多晶粒参与，表面层晶粒的占比较少其弱

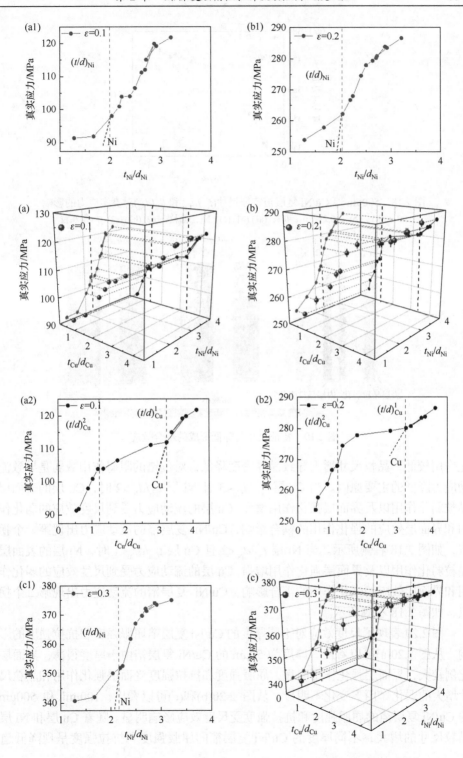

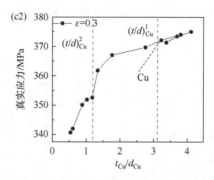

图 2.18　500μm 厚 Cu/Ni 复层箔特征尺寸(t_{Cu}/d_{Cu} 和 t_{Ni}/d_{Ni})对真实应力的影响

(a) ε=0.1；(b) ε=0.2；(c) ε=0.3；(a1)(b1)(c1) Ni 层晶粒；(a2)(b2)(c2) Cu 层晶粒

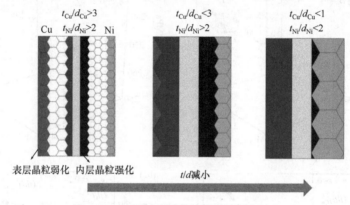

图 2.19　特征尺寸的降低形成的耦合效应

化作用较低，晶粒尺寸增大导致晶界密度降低，对位错的阻碍作用减弱是导致流动应力降低的主要原因。当 Cu 层 t_{Cu}/d_{Cu}<3 且 Ni 层 t_{Ni}/d_{Ni}>2 时，Cu 层的表面层晶粒弱化作用以及界面层强化作用增强，Cu 层的流动应力受到尺度效应的弱化作用和界面层效应的强化作用的耦合影响，Cu/Ni 复层箔的流动应力出现第一个拐点，如图 2.18 右侧所示。当 Ni 层 t_{Ni}/d_{Ni}<2 且 Cu 层 t_{Cu}/d_{Cu}<1 时，Ni 层的表面层晶粒弱化作用以及界面层强化作用增强，Cu 层的流动应力受到尺度效应的弱化作用和界面层效应的强化作用的耦合影响，Cu/Ni 复层箔的流动应力出现第二个拐点，如图 2.18 右侧所示。

　　图 2.20 表现了尺度效应对不同厚度的 Cu/Ni 复层箔屈服强度和抗拉强度的影响。从图 2.20(a)可以看出，厚度为 50μm 的 Cu/Ni 复层箔由于厚度很薄，界面层比例较大，界面层强化作用明显，屈服强度和抗拉强度受面层强化作用和晶粒尺寸增大的弱化作用下变化不明显。从图 2.20(b)和(c)可以看出，100μm 和 500μm 的 Cu/Ni 复层箔的屈服强度和抗拉强度受尺度效应影响明显。随着 Cu 层和 Ni 层晶粒尺寸的增大，不同厚度的 Cu/Ni 复层箔的屈服强度和抗拉强度呈现降低趋

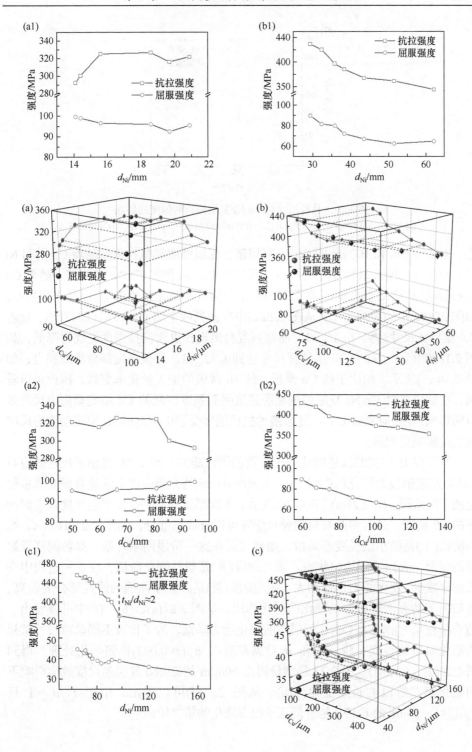

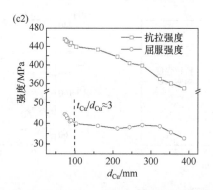

图 2.20　晶粒尺寸对 Cu/Ni 复层箔材料强度的影响
(a) 50μm；(b) 100μm；(c) 500μm；(a1) (b1) (c1) Ni 层晶粒；(a2) (b2) (c2) Cu 层晶粒

势。对于 50μm 和 100μm 的 Cu/Ni 复层箔，屈服强度和抗拉强度随着 Cu 层和 Ni 层晶粒尺寸的增大呈线性降低趋势。而对于 500μm 厚的 Cu/Ni 复层箔，随着 Cu 层和 Ni 层晶粒尺寸的增大，屈服强度和抗拉强度不再是线性降低，而是出现拐点，如图 2.20(c)中的虚线所示。从图 2.20(c)中投影到两个侧面的图形可以看出，随着 Cu 层特征尺寸达到 $t_{Cu}/d_{Cu} \approx 3$，屈服强度会出现拐点而抗拉强度是线性降低，如图 2.18(c2)所示。随着 Ni 层特征尺寸达到 $t_{Ni}/d_{Ni} \approx 2$，屈服强度都会出现拐点，如图 2.18(c1)所示。相比于纯 Cu 薄板，纯 Ni 薄板的加工硬化率更高，因此可以看出，在低应变时 Cu/Ni 复层箔的屈服强度受到强度较低的 Cu 层流动应力尺度效应的影响，在高应变时 Cu/Ni 复层箔的抗拉强度受强度更高的 Ni 层流动应力尺度效应的影响更明显。

　　真实应力-应变曲线还能体现出材料的硬化能力。图 2.21 显示了尺度效应对 Cu/Ni 复层箔应力硬化的影响。$\sigma\theta$ 和 $\sigma(\theta = d\sigma/d\theta)$的方程曲线非常适合研究薄板硬化的不同阶段。图 2.21(a)、(b)、(c)显示了不同厚度的 Cu/Ni 复层箔尺度效应影响下的 $\sigma\theta$ 曲线。通常多晶材料的硬化阶段可以分成三部分，如图 2.21(a)所示。第一阶段(Ⅰ)是微小塑性变形阶段，塑性变形在这一阶段刚刚开始，晶粒间刚开始协调变形，直到达到均匀状态。第二阶段(Ⅱ)是线性硬化阶段，在这一过程中交叉滑移减少，硬化能力迅速增大。第三阶段(Ⅲ)是开始于曲线的线性部分的偏离，这归因于动态恢复对加工硬化的弱化作用。从图 2.21(a)、(b)、(c)中可以看出，随着晶粒尺寸的增大 Cu/Ni 复层箔的硬化能力降低。为了比较不同晶粒尺寸试样的硬化阶段的长度，将 $\sigma\theta$ 和 σ 数据都除以 σ_e ($\varepsilon = 0.002$)作归一化处理，得到图 2.21(d)、(e)、(f)。图 2.22 是测量得出 500μm 的 Cu/Ni 复层箔尺度效应影响下的硬化第二阶段的长度变化($\Delta\varepsilon_{II}$)。从图 2.21(d)可以看出，由于 $t_{Cu}/d_{Cu} < 1$ 且 $t_{Ni}/d_{Ni} < 1$，50μm 的 Cu/Ni 复层箔几乎没有硬化的第二阶段。

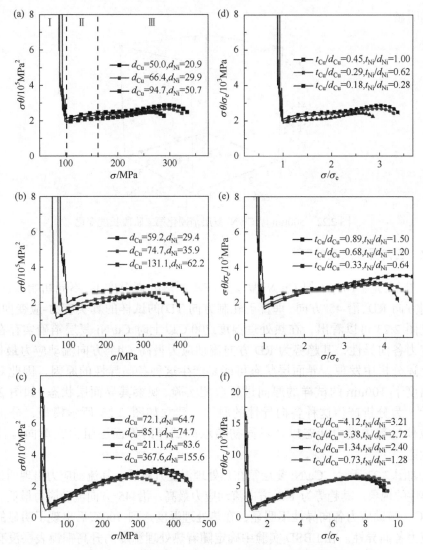

图 2.21 不同特征尺寸的 Cu/Ni 复层箔加工硬化曲线
(a) (d)50μm；(b) (e)100μm；(c) (f)500μm

图 2.21(e)显示，对于 100μm 的 Cu/Ni 复层箔，当 Ni 层 $t_{Ni}/d_{Ni}<1$ 时，试样的硬化过程有明显的第二阶段，而 $t_{Ni}/d_{Ni}>1$ 时，试样几乎没有明显的硬化第二阶段。图 2.21(f)中显示，对于 $t_{Ni}/d_{Ni}>2$ 的 500μm 试样来说，硬化的第二阶段在屈服应力范围内，其长度几乎为 0。对于 $t_{Ni}/d_{Ni}<2$ 的试样，Cu/Ni 复层箔仍然有硬化第一阶段，第二阶段长度明显增大，可达到 3.5%。而单层纯 Ni 板的硬化第二阶段长度是在 $t_{Ni}/d_{Ni}<4$ 时发生明显升高[14]。根据表面层模型，复层箔的 Ni 层只有一层表面层，造成了临界值的减半。这说明 Cu/Ni 复层箔的硬化能力受 Ni 层的材料性能

影响明显。

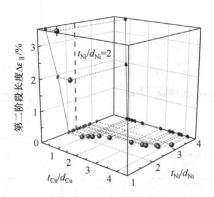

图 2.22　500μm 厚 Cu/Ni 复层箔硬化第二阶段长度变化

2.3.2　各向异性尺度效应

图 2.23 为 100μm 厚 Cu/Ni 复层箔在不同热处理温度下,不同初始取向(沿轧制方向 RD、沿 45°方向、垂直于轧制方向 TD)的试样的真实应力-应变曲线。通过图 2.23 可以看出,在热处理温度 700℃以上时 Cu/Ni 复层箔确实存在流动应力各向异性,其趋势为 RD 方向流动应力最高,45°方向流动应力最低。在上述分析中发现,界面层状态可能是产生这种各向异性的原因,因此对不同温度下 100μm 的试样的厚向进行金相实验,观察其界面层状态,如图 2.24 所示。为分析产生这种各向异性的原因,建立如图 2.25 所示模型,分析在微拉伸过程中受力状态以及不同初始取向试样的界面层阻力在单向拉伸时的状态。

如图 2.23 所示,Cu/Ni 复层箔在热处理温度升高后,其流动应力出现明显各向异性的现象。其趋势为 RD 方向流动应力最高,沿 45°方向流动应力最低。在600℃,流动应力各向异性不明显,在热处理温度达到 700℃后出现了明显的流动应力各向异性。在 EBSD 实验中确定随着热处理温度的升高铜镍表层没有形

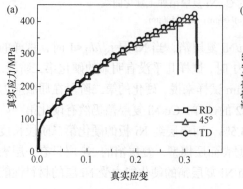

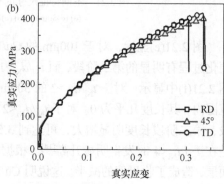

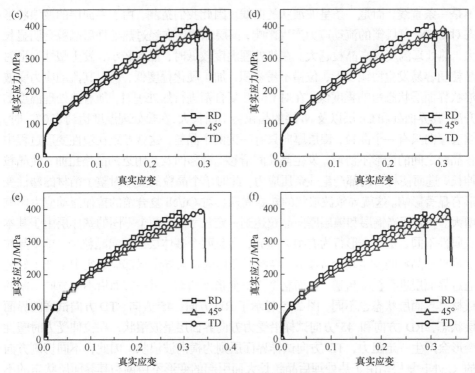

图 2.23　100μm 厚不同初始取向 Cu/Ni 复层箔真实应力-应变曲线

(a) 600℃；(b) 650℃；(c) 700℃；(d) 750℃；(e) 800℃；(f) 850℃

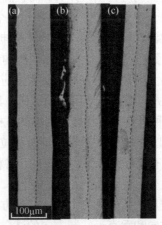

图 2.24　100μm 厚 RD 方向试样厚向形貌

(a) 600℃；(b) 750℃；(c) 850℃

成新的取向不同且强度高织构，产生这种各向异性不是不同织构引起的。根据图 2.24 对试样厚向界面层观察实验，观察其界面层状态，我们发现其界面层并不是一条直线，而是一条呈波浪状的曲线。因此我们猜测，由于界面层的波浪状形态对 Cu/Ni 复层箔的流动应力产生影响，铜层和镍层在经过热处理后晶粒会明显长大，热处理温度越高晶粒越大。在热处理温度较低时，晶粒较小，发生塑性变形时晶粒间容易发生协调变形，位错不易塞积，加工硬化程度低，所以其流动应力受波浪状界面层状态影响程度低。在对 Cu/Ni 复合箔进行热处理时，随着热处理温度的升高，其界面处和 Cu 层以及 Ni 层的晶粒会不断长大，在热处理温度达到 850℃ 时，铜层厚向只有一个晶粒，镍层厚向只有一到两个晶粒，这就导致在塑性变形过程中各晶粒之间的变形不协调，发生晶粒间滑移、滑移面及其附近的晶格扭曲，使晶粒伸长，进而使材料内部产生残余压应力，此时单个晶粒的变形对整个箔材的塑性变形有显著影响。这就导致波浪状的轧制周期会对 Cu/Ni 复合箔的拉伸流动应力影响增大。一方面当铜层和镍层厚向晶粒达到一定尺寸时，两个不同的基体层由于其本身属性不同，塑性变形行为有很大差异，而且两个基体层的厚向晶粒少，单个晶粒变形导致晶粒间发生畸变或滑移，界面层经历的长大导致局部应力集中不能很好地通过界面层进行横向传递，从而整个箔材变形不协调。另一方面沿不同方向切割的板材其界面层状态也不同，图 2.25 显示了 RD 方向、45°方向、TD 方向试样的界面层状态，RD 方向和 45°方向试样沿受力方向界面层呈波浪状，在拉伸受力时塑性变形会产生一定阻力，TD 方向试样界面层则为横向波浪状。因此，不同切割方向的 Cu/Ni 复层箔由于热处理后晶粒长大而引起的变形不协调和其界面层状态的不同产生了流动应力各向异性。所以，如图 2.23 所示，在热处理温度达到 700℃时，不同切割方向的试样的真实流动应力出现差异，而且温度越高各向异性越明显。为了在力学层面解释这一现象，建立了如图 2.25 所示一个 Cu/Ni 复合箔包含轧制周期的模型来更加形象地对波浪状的轧制周期在单轴拉伸时进行受力分析。根据最大切应力理论：最大切应力达到在简单拉伸或压缩屈服的最大剪应力时，材料就会发生破坏，而在单轴拉伸时最大剪应力的方向与最大主应力作用面的夹角为 45°。如图 2.25 (b)所示，在受到单方向正应力作用下的试样，其最大主应力就是施加在试样上的单轴拉伸力，所以这种具有波浪状轧制周期的试样的最大切应力方向就是在 45°方向。因此沿 45°方向切割的试样在单轴拉伸时与拉伸轴呈 45°方向会产生最大切应力，而这个方向正是没有波峰波谷阻力的方向。材料垂直于波峰波谷方向不受变形阻力，更容易产生塑性变形，所需的正应力更小。总地来说，施加在沿 45°方向试样上并使其发生塑性变形所需要的应力要比其他方向更小。这就是沿 45°方向切割的试样的相比于轧制方向和垂直于轧制方向的试样真实流动应力最小的原因。而 RD、TD 方向的试样其界面波峰波谷啮合情况如图 2.25(a)、2.25(c)所示。在受到拉伸正应力时，RD 方向的试样除了受到试样材料本身的产生变形所需的应力以外，还受到了波峰波谷协调变形的阻力，而 TD 方向试样变形没有这种阻力。因此 RD 方向的试样产生塑性变形所需的真实应力要更大，TD 方向试样所需应力较小。因此，Cu/Ni 复合箔三个不同方向的真实流动应力产生了各向异性，并呈现出沿轧制方向 Cu/Ni 复合箔的流动应力最大，而沿 45°方向 Cu/Ni 复合箔试样流动应力最低的趋势。

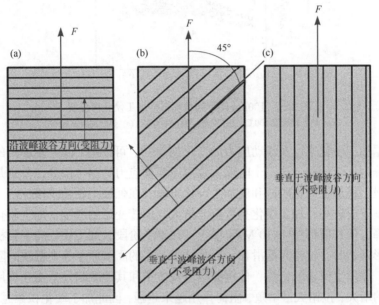

图 2.25　Cu/Ni 复层箔不同初始取向试样界面层及拉伸受力示意图
(a) RD 方向；(b) 45°方向；(c) TD 方向

材料加工硬化率是反映流动应力随应变变化速率变化的一个变量[16]。根据加工硬化理论可知，金属材料发生塑性变形时，变形材料基体内的位错密度增加，使得变形体进一步变形时变形阻力增加，即产生加工硬化现象。根据 Cu/Ni 复层箔流动应力-应变曲线，通过计算求得其加工硬化率曲线如图 2.26 所示。图 2.27 为 Cu/Ni 复层箔的加工硬化率曲线与真实应力-应变曲线交点。

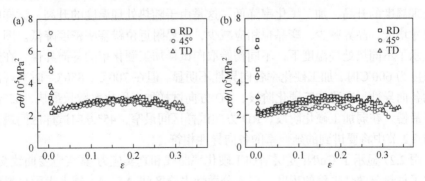

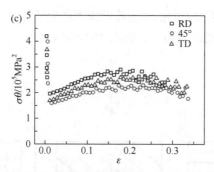

图 2.26　100μm 厚不同角度试样加工硬化率曲线

(a) 热处理温度 600℃；(b) 热处理温度 700℃；(c) 热处理温度 850℃

根据加工硬化率以及流动应力的变化规律[17]，可以把 Cu/Ni 复层箔的加工硬化曲线分为三个阶段，这三个阶段大致对应流动应力的三个部分，分别是强加工硬化阶段、稳加工硬化阶段和弱加工硬化阶段。在强加工硬化阶段，由于刚开始变形，真应变较小，加工硬化率数值非常大，随着变形的继续，加工硬化率开始逐渐下降，但其值都在 $1×10^5$MPa 以上。在整个阶段，加工硬化的主要机制为位错，变形开始时，位错开始滑移，而晶体中存在的固溶原子等大量缺陷阻碍了位错运动，即发生位错的钉扎、位错缠结以及位错和其他缺陷发生交互作用。随着变形量的增大，位错大量增殖，阻碍作用越来越强，因此加工硬化积累越来越多，表现在真实应力-真实应变曲线上即为真实应力增加非常快，但其加工硬化率是逐渐下降的。当位错的滑移运动阻力急剧增加时，孪晶强化启动，这时加工硬化率呈线性增大，为稳加工硬化阶段。当孪生变形发生后，改变了晶体位向，使位向有利的滑移系得以进行，孪晶强化的持续性以及范围较大，使流动应力持续增加。流动应力随着应变的增加而增大，当变形量进一步增加时，进入弱加工硬化阶段。在此阶段，尽管加工硬化率有所降低，但其流动应力依旧是增加的。

图 2.26 显示出三种不同初始取向试样的加工硬化率第二阶段和第三阶段。随热处理温度的升高，加工硬化率降低，这是由于随热处理温度的升高，试样的晶粒尺寸增大，晶界减少，孪晶也相应减少，晶界附近位错塞积密度降低。图 2.26 还显示了不同热处理温度下，不同初始取向试样加工硬化率的各向异性。在热处理温度为 600℃时，加工硬化率各向异性不明显，但在 700℃、850℃ 时表现出明显的各向异性。在稳加工硬化阶段，RD 方向试样加工硬化率增长最快，45°试样增长最慢。在弱加工硬化阶段，RD 方向试样区间最窄，45°方向试样区间最长。这与 3.2 节中将要讲到的延伸率的各向异性相符合。

图 2.27 显示了 Cu/Ni 复层箔加工硬化率曲线和真实应力-真实应变曲线交点，反映了材料分散性失稳的程度。引入分散性失稳区间 $\Delta\delta$，$\Delta\delta$ 越大表示材料分散

性失稳程度越大。计算得 RD 方向 $\Delta\delta$ 为 3%，45°方向 $\Delta\delta$ 为 3.25%，TD 方向 $\Delta\delta$ 为 3.15%。RD 方向分散性失稳程度最低，45°方向试样分散性失稳程度最高。这同样与 3.2 节中延伸率的各向异性相一致。

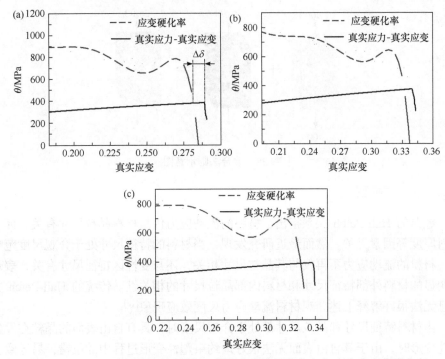

图 2.27 100μm 厚不同角度试样加工硬化率曲线与真实应力-真实应变曲线交点
(a) 热处理温度 850℃，RD 方向；(b) 45°方向；(c) TD 方向

2.4 介观尺度材料本构建模与分析

2.4.1 混合法则

为了构建复层箔介观尺度材料本构，将 Cu/Ni 复层箔材料简化为均匀基体铜层、镍层和界面层，这样可以采用混合法则进行材料本构建模。图 2.28 为混合法则示意图。根据混合法则，Cu/Ni 复层箔流动应力等于各层金属真实应力与其相对应厚度比重的乘积加权。

$$\sigma(\varepsilon) = s_m \sigma_m(\varepsilon) + s_c \sigma_c(\varepsilon) \tag{2-6}$$

其中

$$s_m + s_c = 1 \tag{2-7}$$

式中，m、c 代表组成复层板两种不同的基体层材料；$\sigma(\varepsilon)$、$\sigma_m(\varepsilon)$、$\sigma_c(\varepsilon)$分别代表复层板整体的流动应力以及两种基体层材料的流动应力；s_m、s_c 代表两种基体材料的横截面积分数。

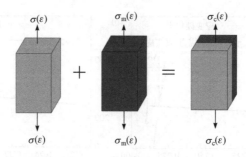

图 2.28　混合法则示意图

2.4.2　表面层模型

经典的 Hall-Petch 关系指出，材料的流动应力仅与材料晶粒尺寸有关，而与材料厚度等因素无关。然而最近研究发现，当材料的特征尺寸处于介观尺度范畴时，材料的流动应力不再仅与其晶粒尺寸相关，还与变性区特征尺寸有关，表现出明显的材料外部特征尺寸和材料内部晶粒尺寸的相关性。传统的 Hall-Petch 关系已无法很好解释上述介观材料流动应力尺度效应现象[18]。

当材料特征尺寸和晶粒尺寸都处于介观尺度时，具有自由表面的晶粒在发生塑性变形时，由于其自由表面无法很好地约束塑性变形过程中的位错，易导致变形位错滑移出自由表面导致具有自由表面晶粒内部的位错密度与内部晶粒的位错密度产生差异。介观尺度下由于比表面积效应的影响导致具有自由表面的晶粒所在试样比重增加，具有自由表面晶粒的力学性能对材料整体的力学影响较大，且不可忽略。因此，在构建介观尺度材料本构模型时，需要考虑自由表面效应的影响。当试样特征尺寸处于介观尺度时，试样特征尺寸方向上，有且仅有几个晶粒时，晶粒的随机分布对材料整体性能的影响也较大。由于具有自由表面的晶粒无法有效存储位错导致其位错密度低于内部晶粒位错密度，相应地，具有表面晶粒的变形抗力也低于内部晶粒变形抗力。当具有自由表面晶粒所占总晶粒的比重较大时，介观尺度下材料整体流动应力一般会低于其在宏观尺度下的流动应力。因此，国内外学者基于经典的 Hall-Petch 关系，并引入表面效应的影响，构建了包含材料几何特征尺寸和晶粒尺寸共同影响的介观尺度材料本构模型。

关于介观尺度单层薄板的材料本构，许多学者基于表面层模型理论进行修正，并取得较好的预测结果，表面层模型如图 2.29 所示。介观尺度下的箔板使用表面层进行流动应力本构建模时，适用对象为单层箔板。本实验选择的是 Cu/Ni 复层箔，而不是传统的单层材料。Cu/Ni 复层箔厚向微观组织如图 2.4 所示，100μm 厚 Cu/Ni 复层箔在热处理后(800℃，1h)，铜层只有一个晶粒，镍层有一到两个晶粒；50μm 厚 Cu/Ni 复层箔热处理后(850℃，1h)，铜层和镍层厚度方向上都仅有一个晶粒。热处理后 Cu/Ni 复层箔基体材料晶粒尺寸增大，具有自由表面的表层晶粒所占比重较大。

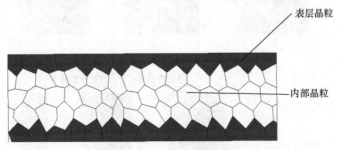

图 2.29　表面层模型示意图

2.4.3　本构模型

　　Cu/Ni 复层箔是由铜层、镍层和界面层组合而成的复层金属材料，本实验选择厚度为 50μm、100μm 两种 Cu/Ni 复层箔。传统的混合法则中，只包含各组元材料性能和各组元占整体材料比重等参数，并未考虑自由表面效应以及界面层的影响。本书中所用的 Cu/Ni 复层箔热处理后铜层和镍层之间会因热扩散而形成界面层，其厚度也与基体层处于同一数量级，这在宏观尺度下界面层厚度的影响一般是忽略不考虑的。我们知道，Cu/Ni 复层箔界面层厚度所占比重随着热处理温度的增加而增加，因此，在构建 Cu/Ni 复层箔介观尺度材料本构模型时，要考虑界面层对 Cu/Ni 复层箔整体流动应力的影响。

　　Cu/Ni 复层箔的界面层为由于热扩散而形成的铜镍固溶体，其力学性能一般高于纯铜和纯镍的力学性能[19]。自由表面效应会导致材料整体流动应力降低，界面层的存在又会引起材料整体力学性能升高。如仅考虑自由表面效应影响或界面强化效应影响的话，均无法有效构建复层箔介观尺度材料本构模型。因此，建立精确描述复层箔介观尺度材料力学性能相应的材料本构模型，需要同时考虑界面强化效应和自由表面软化效应耦合作用的影响。本节所建本构模型以混合法则为基础，将复层材料分为铜层、镍层和界面层共三层，同时考虑铜层和镍层的自由表面软化效应的影响。

　　所建本构理论模型示意图如图 2.30 所示，公式表述如下：

$$\sigma = s_{Cu}\sigma_{Cu} + s_{Ni}\sigma_{Ni} + s_{inter}\sigma_{inter} \tag{2-8}$$

式中，s_{Cu}、s_{Ni}、s_{inter} 分别为铜层、镍层、界面层在厚度上占的比重；σ_{Cu}、σ_{Ni}、σ_{inter} 分别为纯铜、纯镍、界面处的流动应力(MPa)。

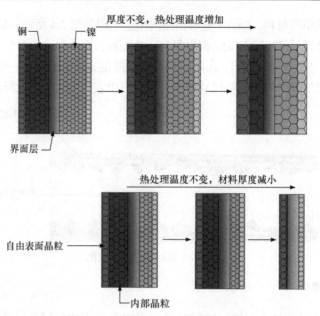

图 2.30　介观尺度下的混合法则示意图

所用的复层箔板中的纯铜、纯镍均为多晶体材料。其流动应力满足 Hall-Petch 关系：

$$\sigma(\varepsilon) = \sigma_0(\varepsilon) + k/\sqrt{d} \tag{2-9}$$

为了表征介观尺度下自由表面效应对其材料本构建模的影响，对传统 Hall-Petch 关系中的一些材料参数进行了修正。其中材料内部晶粒看作是多晶体：

$$\sigma_0(\varepsilon) = M\tau_R(\varepsilon) \tag{2-10}$$

对于单晶体：

$$\sigma_0(\varepsilon) = m\tau_R(\varepsilon) \tag{2-11}$$

式中，d 为平均晶粒尺寸(μm)；M 为多晶体的平均泰勒因子，取 3.1；m 为单晶体泰勒因子，取 2；$\tau_R(\varepsilon)$ 为给定应变条件下单晶体剪切应力(MPa)。

近年来，国内外学者主要通过试样的厚度与晶粒尺寸引入到传统的 Hall-Petch 关系中来描述介观尺度材料力学性能：

$$\sigma(\varepsilon,\eta) = \eta\sigma_0 + (1-\eta)(\sigma_0 + k/\sqrt{d}) \tag{2-12}$$

$$\eta = 2d/t \tag{2-13}$$

式中，η 为表层晶粒所占的比重；d 为晶粒尺寸；t 为板材的厚度。

介观尺度下复层箔、铜层和镍层的流动应力表达式为

$$\sigma(\varepsilon,\eta) = \eta m'\tau_0(\varepsilon) + (1-\eta)(M\tau_0(\varepsilon) + k/\sqrt{d}) \tag{2-14}$$

对铜层、镍层的流动应力表达式为

$$\sigma_{Cu}(\varepsilon,\eta) = \eta m'\tau_{Cu}(\varepsilon) + (1-\eta)(M\tau_{Cu}(\varepsilon) + k_{Cu}/\sqrt{d}_{Cu}) \tag{2-15}$$

$$\sigma_{Ni}(\varepsilon,\eta) = \eta m'\tau_{Ni}(\varepsilon) + (1-\eta)(M\tau_{Ni}(\varepsilon) + k_{Ni}/\sqrt{d}_{Ni}) \tag{2-16}$$

对于复层箔中铜层和镍层，具有自由表面晶粒所占比重的表达式均为 $\eta = d/t$，而不是单层材料具有表面晶粒所占比重的表达式 $\eta = 2d/t$。因为对于 Cu/Ni 复层箔而言，此时铜层和镍层仅只有一个自由表面，所以将 η 取为 d/t。具有自由表面晶粒的泰勒因子介于多晶体和单晶体之间，m' 取二者的中间值 2.5。

Cu/Ni 复层箔界面层为铜镍固溶体合金，由于其不存在自由表面，可将其看作是多晶体，其流动应力表达式为

$$\sigma_{inter}(\varepsilon) = M\tau_{inter}(\varepsilon) + k/\sqrt{d}_{inter} \tag{2-17}$$

本书建立的 Cu/Ni 复层箔流动应力的本构模型为

$$\begin{aligned}\sigma = s_{Cu}\Big[\eta m'\tau_{Cu}(\varepsilon) + (1-\eta)(M\tau_{Cu}(\varepsilon) + k_{Cu}/\sqrt{d}_{Cu})\Big]\\ + s_{Ni}\Big[\eta m'\tau_{Ni}(\varepsilon) + (1-\eta)(M\tau_{Ni}(\varepsilon) + k_{Ni}/\sqrt{d}_{Ni})\Big] + s_{inter}\sigma_{inter}\end{aligned} \tag{2-18}$$

2.4.4　模型参数

在式(2-18)中的 Cu/Ni 复层箔材料本构关系中，$\tau_{Cu}(\varepsilon)$、$\tau_{Ni}(\varepsilon)$、k_{Cu}、k_{Ni} 均为与材料相关的未知参数。其中，$\tau_{Cu}(\varepsilon)$、$\tau_{Ni}(\varepsilon)$ 分别为纯铜、纯镍在给定应变条件下的临界剪切应力。金属材料的临界剪切应力一般满足 $\tau_R(\varepsilon) = a \cdot \varepsilon$ 或者是 $\tau_R(\varepsilon) = a + b \cdot \varepsilon$ 的形式。对于纯金属来说，k_{Cu}、k_{Ni} 在一定范围内为常数，当应变量增加到一定程度时，k_{Cu}、k_{Ni} 不再是常数而是与应变有关；对于合金而言，k 为 $k_{monel} = e \cdot \varepsilon$；本节选用纯铜和纯镍的流动应力曲线如图 2.31 所示。通过计算，给定晶粒尺寸、厚度的流动应力在软件中进行多次拟合求解，求出纯铜和纯镍的材料相关参数值。

通过计算所得的纯铜：

$$\begin{cases}\tau_{Cu}(\varepsilon) = 248.481\varepsilon^{0.71146}\ (\text{MPa})\\ k_{Cu} = 30.1\text{MPa}\cdot\mu m^{0.5}\end{cases} \tag{2-19}$$

纯镍：

$$\begin{cases}\tau_{Ni}(\varepsilon) = 306\varepsilon^{0.5208815}\ (\text{MPa})\\ k_{Ni} = 23\text{MPa}\cdot\mu m^{0.5}\end{cases} \tag{2-20}$$

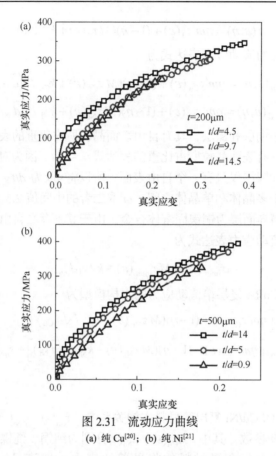

图 2.31　流动应力曲线

(a) 纯 Cu[20]；(b) 纯 Ni[21]

　　Cu/Ni 复层箔界面层处为具有连续成分梯度的铜镍固溶体，界面层各处 σ_{inter} 随着界面层处的位置不同而不同，如图 2.32 所示。因此，难以用式(2-17)对界面层处的力学性能进行准确计算。在铜镍固溶体合金中，当 Ni 的质量分数为 65% 时其材料强度最大，因此本章选用 Monel400 代替镍含量为 65%的铜镍固溶体合金进行流动应力计算，并与界面层厚度和界面层成分梯度数据相结合，进而计算界面层整体所在复层箔流动应力的比值。为了简化计算，将界面层处力学性能的积分计算简化为梯形截面计算，如图 2.33 所示，所以式(2-8)变为

$$\sigma = s_{\mathrm{Cu}}\sigma_{\mathrm{Cu}} + s_{\mathrm{Ni}}\sigma_{\mathrm{Ni}} + f(\sigma_{\mathrm{inter}}) \tag{2-21}$$

式中，$f(\sigma_{\mathrm{inter}})$ 表示界面层处整体的流动应力值。

　　Monel400 薄板拉伸应力-应变曲线如图 2.34 所示，利用图 2.34 中材料数据计算出 Monel400 的 k_{Monel400} 和 τ_{Monel400} 两个材料参数值。计算结果如下：

$$\begin{cases} \tau_{\mathrm{Monel400}}(\varepsilon) = 2.8269 + 254.097\varepsilon^{0.69447}(\mathrm{MPa}) \\ k_{\mathrm{Monel400}} = 601.9554\varepsilon^{0.042412}(\mathrm{MPa}\cdot\mu\mathrm{m}^{0.5}) \end{cases} \tag{2-22}$$

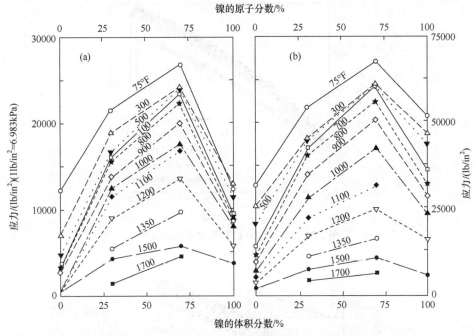

图 2.32　不同成分的铜镍合金的屈服强度(a)及抗拉强度(b)[21]

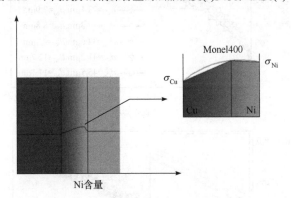

图 2.33　界面层处流动应力计算示意图

2.4.5　实验验证及分析

　　利用所构建 Cu/Ni 复层箔材料本构模型，将原材料晶粒尺寸、材料的厚度、铜镍和界面层在厚度方向上所占的比重等参数导入所建本构模型，得到预测的流动应力-应变曲线。图 2.35 为 Cu/Ni 复层箔(50μm 和 100μm)利用所建本构模型获得的流动应力曲线。

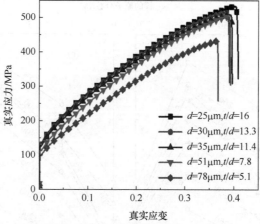

图 2.34　Monel400 材料流动应力曲线[22]

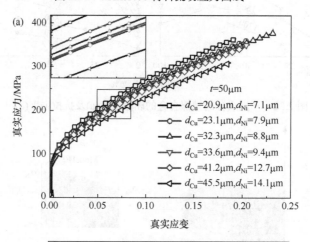

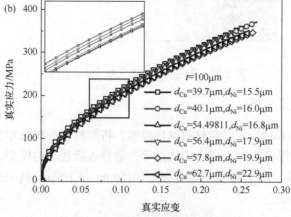

图 2.35　本构模型的计算结果

(a) t=50μm；(b) t=100μm

采用相关性系数法(r_{xy})对所建立本构模型的精度进行表征。r_{xy}公式如下：

$$r_{xy} = \frac{\sum_{i=1}^{N}(X_i - \bar{X})(Y_i - \bar{Y})}{\sqrt{\sum_{i=1}^{N}(X_i - \bar{X})^2}\sqrt{\sum_{i=1}^{N}(Y_i - \bar{Y})^2}} \tag{2-23}$$

式中，X_i 为实验值；$\bar{X}$ 为实验平均值；Y_i 为计算值；$\bar{Y}$ 为计算值平均值；N 为计算中数据点的个数。

图 2.36 和图 2.37 分别为不同热处理温度下 50μm、100μm 厚复层箔的实验值与计算值相关性分布图。当图中的计算值数据点非常靠近对角线，即 r_{xy} 与 1 接近时，说明计算值与实验值相差较小，预测结果较精准；当计算值数据点落在对角线上，即 r_{xy} 等于 1 时，说明计算值与实验值相同；当计算值数据点偏离对角线较大，即 r_{xy} 与 1 不相等时，偏差越大说明计算值与实验值相差越大，其预测结果越差。从整体上看，所构建模型获得计算值与实验值的拟合精度方差均在 99%以上，说明本书建立的介观尺度复层箔材料本构模型具有较好的精度和适用性。图 2.36 和 2.37 还表明在低应力或低应变状态下其计算值往往落在实验值的下方，这可能是由纯铜、纯镍和界面层铜镍固溶体材料本身的弹性模量和屈服差异性引起的。

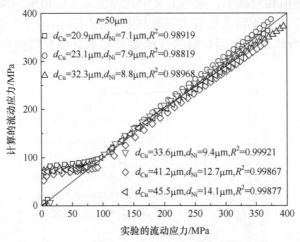

图 2.36　50μm 厚箔材实验值与计算值相关性分布图

针对所建模型存在初始应变阶段误差较大问题，本书采用了误差分析来评估介观尺度下所建材料本构模型的拟合精度。选用 100μm 厚复层箔为例，误差分析公式如下：

$$\text{Err} = \lg(\sigma_{\text{exp}} / \sigma_{\text{cal}}) \tag{2-24}$$

其中，Err 为计算值与实验值之间的误差；σ_{exp} 为实验值；σ_{cal} 为计算值。

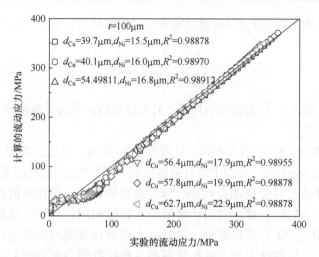

图 2.37 100μm 厚箔材实验值与计算值相关性分布图

Err 值越大说明所建模型获得计算值与实验值相差越大。整体上来看，本章所构建材料本构模型的精度较高，仅在初始变形阶段和变形后续阶段误差值相差较大(图 2.38)。在低应变阶段，在应变低于 0.05 时误差较大，而当应变超过 0.05 时误差值相对减小，这与上文中计算值与实验值的相关性分析吻合。同时，在低应变条件下误差值较大可能与混合法则模型的等应变分布、各层材料之间界面无滑移以及各层材料的性能差异并不会引起横向应力等基本假设有关。

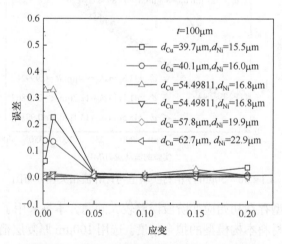

图 2.38 不同热处理温度下不同应变的误差值

2.5　本章小结

本章通过单向拉伸实验获得了不同特征尺寸的 Cu/Ni 复层箔的真实流动应力。通过分析 Cu 层和 Ni 层特征尺寸与真实应力的关系，确定了 Cu/Ni 复层箔发生流动应力尺度效应的临界值。通过数据处理和有限元模拟结果，综合分析了尺度效应对 Cu/Ni 复层箔力学性能、硬化能力的影响。主要结论如下：

(1) 确定了 Cu/Ni 复层箔产生流动应力尺度效应的临界特征尺寸。当 Cu 层 $t_{Cu}/d_{Cu}>3$ 且 Ni 层 $t_{Ni}/d_{Ni}>2$ 时，Cu/Ni 复层箔属于多晶体变形，流动应力不受特征尺度效应的影响；当 Cu 层 $t_{Cu}/d_{Cu}<3$ 且 Ni 层 $t_{Ni}/d_{Ni}>2$ 时，Cu 层晶粒尺度效应和界面层强化作用使得流动应力产生第一个拐点；当 Cu 层 $t_{Cu}/d_{Cu}<1$ 且 Ni 层 $t_{Ni}/d_{Ni}<2$ 时，Ni 层晶粒尺度效应和界面层强化作用使得流动应力产生第二个拐点。

(2) 随着特征尺寸的降低，50μm 和 100μm 厚的 Cu/Ni 复层箔材料强度呈线性降低；而厚度为 500μm 的 Cu/Ni 复层箔试样，当 Cu 层 t_{Cu}/d_{Cu} 和 Ni 层 t_{Ni}/d_{Ni} 降低到临界值时，屈服强度和抗拉强度会产生拐点。通过分析拐点位置发现，屈服强度受到强度较低的 Cu 层特征尺度效应的影响，而抗拉强度受强度更高的 Ni 层尺度效应的影响更明显。

(3) 分析了特征尺寸对 Cu/Ni 复层箔加工硬化影响：随着 Cu 层和 Ni 层特征尺寸的降低，复层箔硬化能力下降，主要表现为硬化第二阶段消失。

(4) 分析了特征尺寸对 Cu/Ni 复层箔断裂失效行为影响：当 Cu 层或者 Ni 层低于临界特征尺寸，Cu 层或 Ni 层的变形不均匀性增大，主要表现为应力集中明显，应变不均匀性增大，变形集中在厚度方向只有一个晶粒的位置继而发生颈缩。界面层对于内层晶粒的约束作用增强，导致内层晶粒应变水平低。介观尺度 Cu/Ni 复层箔的断裂模式发生改变：随着 t/d 的降低，Cu 层的断口靠近界面层处的韧窝逐渐消失，Ni 层的断口开进界面层处的孔洞逐渐消失。随着 t/d 的降低，Cu/Ni 复层箔的断裂模式由韧窝-滑移断裂向单晶滑移断裂转变。

(5) 基于混合法则和表面层模型，考虑试样特征尺寸、基体材料晶粒尺寸和界面层厚度等参数的影响，构建了介观尺度 Cu/Ni 复层箔材料本构模型，能够较为准确地预测复层箔介观尺度材料力学性能。

参 考 文 献

[1] Liu J G, Fu M W, Chan W L. A constitutive model for modeling of the deformation behavior in microforming with a consideration of grain boundary strengthening[J]. Computational Materials Science, 2012, 55(55): 85-94.

[2] Lai X, Peng L, Hu P, et al. Material behavior modelling in micro/meso-scale forming process with

considering size/scale effects[J]. Computational Materials Science, 2008, 43(4): 1003-1009.

[3] Kuhlmann-Wilsdorf D. Theory of plastic deformation: Properties of low energy dislocation structures[J]. Materials Science & Engineering A, 1989, 113(89): 1-41.

[4] Liang F, Tan H, Zhang B, et al. Maximizing necking-delayed fracture of sandwich structured Ni/Cu/Ni composites[J]. Scripta Materialia, 2017, 134: 28-32.

[5] Wang Y C, Liang F, Zhang B, et al. Enhancing fatigue strength of high-strength ultrafine-scale Cu/Ni laminated composites[J]. Materials Science & Engineering A, 2018, 714: 43-48.

[6] Tan H F, Zhang B, Zhang G P, et al. Toward an understanding of post-necking behavior in ultrafine-scale Cu/Ni laminated composites[J]. Materials Science & Engineering A, 2018, 716: 72-77.

[7] Zhang B, Kou Y, Xia Y Y, et al. Modulation of strength and plasticity of multiscale Ni/Cu laminated composites[J]. Materials Science & Engineering A, 2015, 636: 216-220.

[8] Athanasiou C E, Bellouard Y. A monolithic micro-tensile tester for investigating silicon dioxide polymorph micromechanics, fabricated and operated using a femtosecond laser[J]. Micromachines, 2015, 6(9): 1365-1386.

[9] 周健. 铜箔力学性能的尺度效应及微拉深成形研究[D]. 哈尔滨: 哈尔滨工业大学, 2010: 26-70.

[10] Liang R, Khan A S. A critical review of experimental results and constitutive models for BCC and FCC metals over a wide range of strain rates and temperatures[J]. International Journal of Plasticity, 1999, 15(9): 963-980.

[11] Tan H F, Zhang B, Luo X M, et al. Strain rate dependent tensile plasticity of ultrafine-grained Cu/Ni laminated composites[J]. Materials Science and Engineering A, 2014, 609: 318-322.

[12] Fu Z, Zhang Z, Meng L F, et al. Effect of strain rate on mechanical properties of Cu/Ni multilayered composites processed by electrodeposition[J]. Materials Science and Engineering A, 2018, 726: 154-159.

[13] Chan W L, Fu M W, Lu J, et al. Modeling of grain size effect on micro deformation behavior in micro-forming of pure copper[J]. Materials Science and Engineering A, 2010, 527: 6638-6648.

[14] Keller C, Hug E, Feaugas X. Microstructural size effects on mechanical properties of high purity nickel[J]. International Journal of Plasticity, 2011, 27(4): 635-654.

[15] Keller C, Hug E, Chateigner D. On the origin of the stress decrease for nickel polycrystals with few grains across the thickness[J]. Materials Science and Engineering A, 2009, 500: 207-215.

[16] Hoon K K, Hong S H, Il C S, et al. Bonding quality of copper-nickel fine clad metal prepared by surface activated bonding[J]. Materials Transactions, 2010, 51(4): 787-792.

[17] Liu H S, Zhang B, Zhang G P. Delaying premature local necking of high strength Cu: A potential way to enhance plasticity[J]. Scripta Materialia, 2011, 64(1): 13-16.

[18] Kocks U F, Mecking H. Physics and phenomenology of strain hardening: The FCC case[J]. Progress in Materials Science, 2003, 48(3): 171-273.

[19] Jenkins W D, Digges T G, Johnson C R. Tensile properties of copper, nickel, and 70-percent-copper-30-percent-nickel and 30-percent-copper-70-percent-nickel alloys at high temperatures[J]. Journal of Research of the National Bureau of Standards, 1957, 58(4): 201-211.

[20] Meng B, Fu M W. Size effect on deformation behavior and ductile fracture in microforming of pure copper sheets considering free surface roughening[J]. Materials & Design, 2015, 83(15): 400-412.

[21] Wang C, Xue S, Chen G, et al. Constitutive model based on dislocation density and ductile fracture of Monel 400 thin sheet under tension[J]. Metals and Materials International, 2017, 23(2): 264-271.

[22] Prakash B G B, Dube R K. Processing and properties of 3-layer laminated composites based on ultra high carbon steel and mild steel[J]. ISIJ International, 1996, 36(9): 1184-1189.

第 3 章 铜/镍复层箔微拉伸断裂行为尺度效应

3.1 引 言

Cu/Ni 复层箔由于界面层的存在其断裂行为有别于单层铜箔和镍箔，其断裂行为更为复杂。本章在第 2 章对 Cu/Ni 复层箔材料本构模型研究基础之上，探究介观尺度 Cu/Ni 复层箔的断裂行为；重点分析微观组织对 Cu/Ni 复层箔的屈服强度、抗拉强度、延伸率以及断裂行为的影响规律，探究 Cu/Ni 复层箔的微观断裂机制。

3.2 工程应力-应变曲线分析

3.2.1 屈服强度和抗拉强度

厚度为 50μm、100μm 的 Cu/Ni 复层箔单向拉伸时的工程应力-应变曲线如图 3.1 所示。随着热处理温度的升高或基体层晶粒尺寸的增大，Cu/Ni 复层箔的工程应力逐渐降低。随着热处理温度的升高，界面层厚度逐渐增大，基体层厚度减小。此时界面层对 Cu/Ni 复层箔的基体层(铜层和镍层)的变形约束增加。由于界面层强度高于基体层的强度，其厚度的增加引起 Cu/Ni 复层箔整体应力强度的增加。由于基体层晶粒尺寸增大引起的基体层材料流动应力降低的影响大于界面层

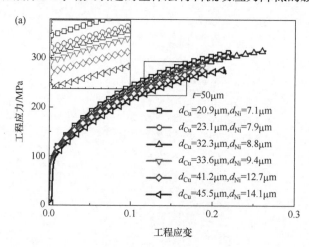

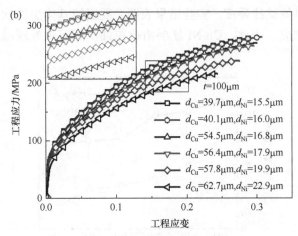

图 3.1　工程应力-应变曲线

(a) $t=50\mu m$；(b) $t=100\mu m$

强化作用的影响，当基体层材料晶粒尺寸增大时，材料的工程应力-应变曲线逐渐降低，二者耦合作用导致 Cu/Ni 复层箔的工程应力随着晶粒尺寸增大而逐渐降低。

图 3.2 为厚度为 50μm、100μm 的 Cu/Ni 复层箔单向拉伸时的屈服强度(应变为 0.2%)与热处理温度之间的关系曲线。Cu/Ni 复层箔厚度相同时，铜层和镍层的晶粒尺寸随着热处理温度的增加而增大，Cu/Ni 复层箔材料屈服强度降低，趋势符合传统 Hall-Petch 关系[1]。热处理温度相同时，Cu/Ni 复层箔厚度越薄其屈服强度越大，出现了明显的强度"越小越强"现象，这有别于单层金属薄板拉伸变形中经常出现的"越小越弱"现象[2]。对于层状材料而言，热处理后的界面层厚度增加导致界面强化效果加剧。由图 3.2 发现，相同热处理制度下 50μm 厚 Cu/Ni 复层箔界面层厚度明显大于 100μm 厚 Cu/Ni 复层箔界面层厚度，所以界面层对 50μm 厚 Cu/Ni 复层箔的强化效果要大于 100μm 厚 Cu/Ni 复层箔的强化效果。同时，第 2 章表 2.7 指出 50μm 厚 Cu/Ni 复层箔铜层和镍层的晶粒尺寸均小于 100μm 厚 Cu/Ni 复层箔铜层和镍层的晶粒尺寸。综合以上两个因素，可以明显得到 Cu/Ni 复层箔厚度越薄其屈服强度越高这一结论。

图 3.3 为厚度为 50μm、100μm 的 Cu/Ni 复层箔单向拉伸抗拉强度与热处理温度之间的关系图。在 Cu/Ni 复层箔厚度相同条件下，基体铜层和镍层的晶粒尺寸随着热处理温度的增加而增大，其抗拉强度也随着热处理温度的增加而逐渐降低。材料加工强化能力是影响薄板拉伸抗拉强度的主要因素[2-6]。根据位错强化理论可知，晶粒越小时其晶界密度越大，塑性变形时位错塞积导致位错密度增加越明显，晶界阻碍变形作用越明显，其强度也就越高。反之，晶粒尺寸越大其抗拉强度越小。对于 Cu/Ni 复层箔而言，界面层的存在将会加大材料的加工硬化能力，并将

进一步影响材料的抗拉强度。实验结果表明，复层箔基体层的软化效应仍然是大于界面强化效应。因此，Cu/Ni 复层箔抗拉强度随着热处理温度的增加而逐渐降低。

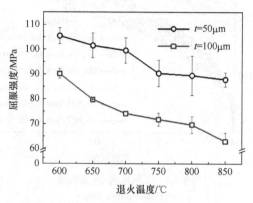

图 3.2　屈服强度变化

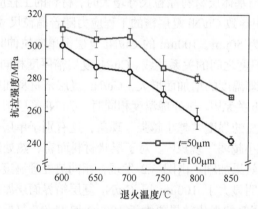

图 3.3　抗拉强度变化

3.2.2　延伸率

宏观尺度下材料的延伸率对材料厚度不敏感，主要与材料的微观组织有关。介观尺度下单层箔延伸率随着晶粒尺寸的增大而降低，且厚度越薄，延伸率降低越明显[7]。图 3.4 为 Cu/Ni 复层箔(厚度为 50μm、100μm)延伸率与热处理温度之间的关系。Cu/Ni 复层箔延伸率随热处理温度的变化趋势不明显，基本上表现出明显的热处理制度不敏感性，这有别于介观尺度单层箔延伸率变化趋势。100μm厚 Cu/Ni 复层箔延伸率整体上要高于 50μm 厚 Cu/Ni 复层箔延伸率，表现出延伸率"越小越弱"尺度效应现象。

在热处理温度处于 600～800℃时，100μm 厚 Cu/Ni 复层箔厚向铜层至少有一个晶粒。当热处理温度达到 850℃ 时，复层箔厚向铜层仅有一个晶粒，而复层箔厚向镍层晶粒数量比铜层要多。50μm 厚 Cu/Ni 复层箔镍层和铜层厚向晶粒数量明显低于 100μm 厚 Cu/Ni 箔镍层和铜层厚向晶粒数量。厚向晶粒数量越少，塑性变形时可供选择的滑移系就越少，晶粒之间的变形协调性越差，极易引起应变集中而导致延伸率降低。

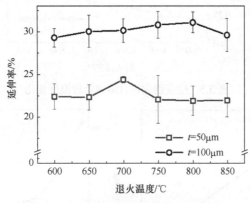

图 3.4　延伸率变化

100μm 厚 Cu/Ni 复层箔延伸率基本上都处在 30%左右，50μm 厚 Cu/Ni 复层箔延伸率主要分布在 20%～25%。Cu/Ni 复层箔单向拉伸塑性延伸率表现出热处理温度依赖性不敏感，主要有如下两方面的原因：一是热处理温度增加引起 Cu/Ni 复层箔厚向晶粒数量减少而导致其延伸率下降；二是热处理温度增加引起界面强化作用加剧而导致其延伸率上升。Cu/Ni 复层箔在上述两个因素耦合作用下，使得其延伸率趋势平缓接近于恒定值。

应变硬化指数反映材料抵抗持续变形的能力，延伸率与硬化指数之间一般呈正比关系[2]。图 3.5 为 Cu/Ni 复层箔应变硬化指数与热处理温度之间关系曲线图，100μm 厚 Cu/Ni 复层箔应变硬化指数大于 50μm 厚 Cu/Ni 复层箔应变硬化指数，这表明 100μm 厚 Cu/Ni 复层箔的加工硬化能力和抵抗塑性失稳断裂的能力明显高于 50μm 厚 Cu/Ni 复层箔。因此，100μm 厚 Cu/Ni 复层箔的延伸率高于 50μm 厚 Cu/Ni 复层箔延伸率。

图 3.6 为纯铜和纯镍薄板单向拉伸延伸率与晶粒尺寸之间关系图。当纯铜厚度为 100μm 时，随着晶粒尺寸的增加其延伸率增加。对于直径为 1mm 镍丝而言，其延伸率最大不超过 30%；500μm 厚镍箔的延伸率最大仅达到 25%。与晶粒尺寸相近、厚度相近或相同的纯铜和纯镍薄板单向拉伸延伸率相比，Cu/Ni 复层箔的延伸率均高于单层纯镍或纯铜的延伸率。层状材料各组元厚度比也是影响其延伸率的重要因素，层状材料的延伸率也会随着层状材料各组元比重变化而变化[9]。

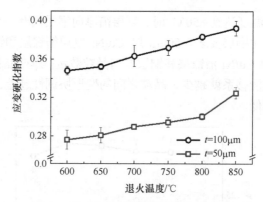

图 3.5　应变硬化指数随热处理温度变化

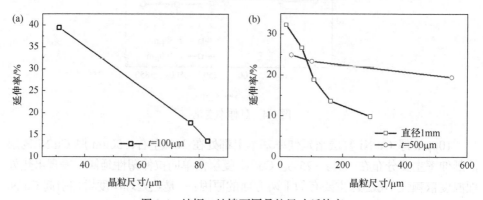

图 3.6　纯铜、纯镍不同晶粒尺寸延伸率

(a) 纯铜[8]；(b) 纯镍[7]

3.2.3　各向异性的影响

图 3.7 和 3.8 分别为热处理温度和初始取样方式对 Cu/Ni 复层箔(厚度为 100μm)拉伸工程应力-应变和屈服强度的影响图。图 3.9 为 100μm 厚 Cu/Ni 复层箔不同热处理温度下,不同初始取向试样的抗拉强度曲线。图 3.10 为 100μm 厚 Cu/Ni 复层箔不同热处理温度下, 不同初始取向试样的屈强比曲线。图 3.11 为 100μm 厚 Cu/Ni 复层箔不同热处理温度下, 不同初始取向试样的延伸率曲线。

如图 3.7 所示,我们可以看出不同初始取向的 Cu/Ni 复层箔在热处理温度升高后, 其工程应力-工程应变曲线出现明显各向异性的现象。各向异性的趋势为 RD 方向工程应力最高, 沿 45°方向试样工程应力最低。在 600℃, 工程应力各向异性不明显, 在热处理温度达到 700℃后, 750℃、800℃、850℃出现了明显的工程应力各向异性。其强度指标, 即屈服强度和抗拉强度也表现出对应的各向异性, RD 方向抗拉强度和屈服强度最高, 45°方向试样的抗拉强度和屈服强度最低。但对于塑性指标延伸率, 各向异性呈现与强度指标相反的趋势, 45°方向试样延伸率最高，RD方向试样延伸率最低。

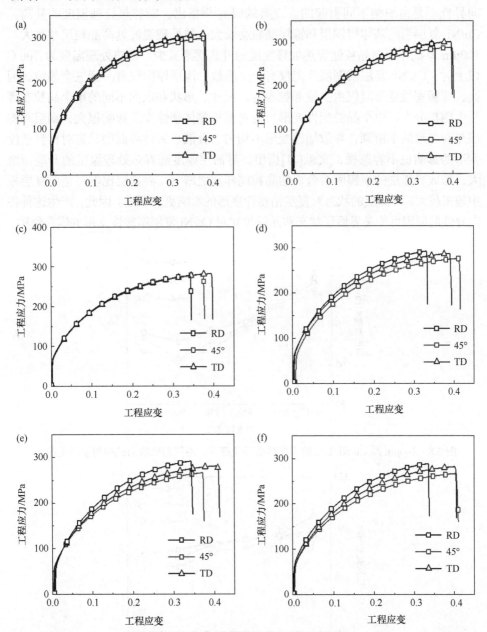

图 3.7　100μm 厚 Cu/Ni 复层箔在不同热处理温度不同初始取向试样工程应力-应变曲线
(a) 热处理温度 600℃；(b) 热处理温度 650℃；(c) 热处理温度 700℃；(d) 热处理温度 750℃；(e) 热处理温度 800℃；
(f) 热处理温度 850℃

在 2.2 节中，研究发现随着热处理温度的升高，铜层和镍层没有产生取向不同且强度高的织构，可以确定 Cu/Ni 复层箔随着热处理温度的升高产生的这种各向异性不是由织构不同引起的。现有的研究[10]指出，随着热处理温度的升高，Cu/Ni 复层箔的基体层铜层和镍层晶粒会长大，热处理温度越高晶粒尺寸越大。100μm 厚试样厚向晶粒随着热处理温度的升高逐渐减少。当热处理温度为 700℃以上时，Cu/Ni 复层箔铜层厚向仅有一个晶粒，镍层厚向仅有一到三个晶粒。因此，薄板塑性变形时仅由少量晶粒参与，尺寸、形状和取向不同的单个晶粒在薄板中随机分布，单个晶粒塑性变形行为对薄板整体塑性变形影响很大，铜层和镍层晶粒变形的不协调，导致塑性变形不均匀、分散。另外界面层状态对材料塑性变形的影响也不容忽视，文献[11]指出，界面层厚度随着热处理温度的升高而增大，形成界面层的铜镍固溶合金的晶粒同样随之增大。界面层比例在整个复层板中越来越大，界面层的状态对复层箔塑性变形的影响更加明显。因此，产生这种各向异性的原因可能是界面层状态和晶粒尺寸对 Cu/Ni 复层箔塑性变形的耦合作用。

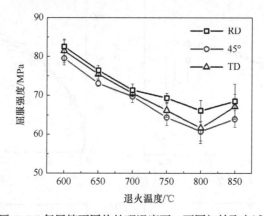

图 3.8　100μm 厚 Cu/Ni 复层箔不同热处理温度下，不同初始取向试样屈服强度曲线

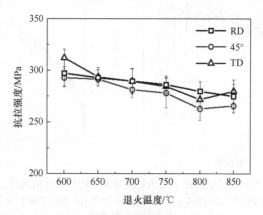

图 3.9　100μm 厚 Cu/Ni 复层箔不同热处理温度下，不同初始取向试样抗拉强度曲线

　　从图 3.7 可以看出，Cu/Ni 复层箔的工程应力-应变曲线不存在明显的上下屈服强度，因此采用 $\sigma_{0.2}$ 作为其屈服强度。根据图 3.8、图 3.9 所示，随着热处理温度的升高，Cu/Ni 复层箔的屈服强度和抗拉强度呈降低趋势。这是由于随着热处理温度的升高，Cu/Ni 复层箔的基体层和界面层晶粒会显著增大，晶粒增大导致晶界减少，在塑性变形时，位错阻力降低，位错密度减小，从而变形阻力减小，流动应力和屈服强度以及抗拉强度降低。然而在热处理温度为 850℃ 时有异常增大的现象。这是由于在热处理温度达到 850℃ 时，晶粒长大到一定尺寸，基体层厚向只有一个晶粒，单个晶粒对塑性变形的影响更加显著，使得基体层和界面层之间的协调变形难以进行，会导致屈服强度和抗拉强度异常增大。

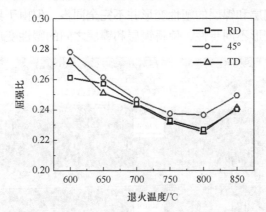

图 3.10　100μm 厚 Cu/Ni 复层箔不同热处理温度下，不同初始取向试样屈强比曲线

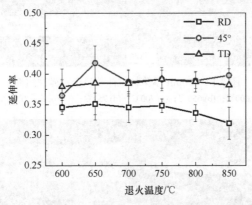

图 3.11　100μm 厚 Cu/Ni 复层箔不同热处理温度下，不同初始取向试样延伸率曲线

　　屈强比低即屈服强度与抗拉强度差别较大，则材料加工硬化能力较强，其材料的塑性也较高。如图 3.10 所示，RD 方向试样的屈强比较低，45°方向试样的屈强比较高。因此，如图 3.7 所示，RD 方向试样的流动应力最高。如图 3.11 所示，RD 方向试样的延伸率最低，45°试样的延伸率最高。

3.3　宏观断口分析

Cu/Ni 复层箔单向拉伸拉断时试样厚向截面的微观组织照片如图 3.12 和图 3.13 所示。为了更好地反映薄板拉伸时宏观形貌特征，定义了断裂角度和颈缩长度两个参数，两个参数的测量示意图如图 3.14 所示。Cu/Ni 复层箔单向拉伸断裂断口的断裂角度和颈缩长度与退火温度的关系分别如图 3.15 和图 3.16 所示。Cu/Ni 复层箔铜层的断裂角度明显小于镍层的断裂角度，Cu/Ni 复层箔镍层的颈缩长度明显小于铜层的颈缩长度。由于铜和镍塑性变形能力差异较大，Cu/Ni 复层箔拉伸塑性变形过程中铜层和镍层的塑性变形并不完全同步，但由于界面层的存在限制了铜层和镍层的变形不同步性，使得铜层和镍层之间的塑性变形不能独立延展。

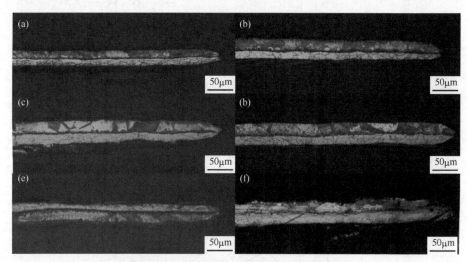

图 3.12　50μm 厚箔材拉伸断口金相微观组织
(a) 600℃；(b) 650℃；(c) 700℃；(d) 750℃；(e) 800℃；(f) 850℃

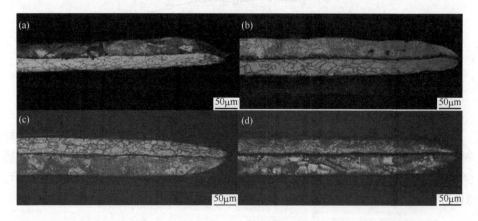

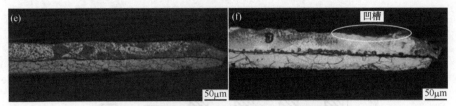

图 3.13　100μm 厚箔材拉伸断口金相微观组织

(a) 600℃；(b) 650℃；(c) 700℃；(d) 750℃；(e) 800℃；(f) 850℃

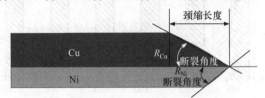

图 3.14　断裂角度、颈缩长度测量示意图

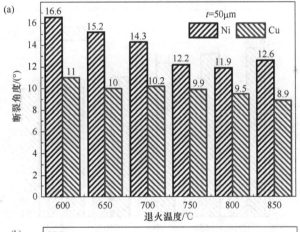

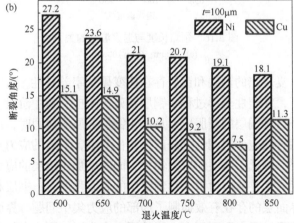

图 3.15　断裂角度与退火温度的关系

(a) t=50μm；(b) t=100μm

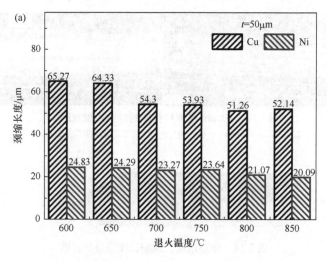

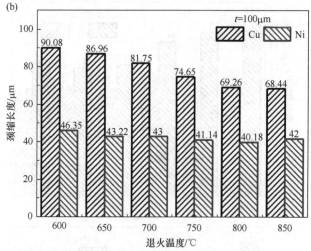

图 3.16　颈缩长度与退火温度的关系
(a) t=50μm；(b) t=100μm

由于 Cu/Ni 复层箔的铜层和镍层存在应变硬化率差异性，且铜的屈服强度低于镍的屈服强度，在塑性变形过程中铜层首先进入应力集中阶段。当 Cu/Ni 复层箔整体应力水平达到铜层的屈服应力且低于镍层的屈服应力时，由于铜层受到镍层的约束以及两者的应变协调性无法产生塑性变形，铜层的应力集中问题通过界面层传递给镍层，降低了铜层的应力集中，同时增加了镍层的应力水平；当继续加载且 Cu/Ni 复层箔整体应力水平达到镍层的屈服强度时，铜层和镍层才开始发生塑性变形。界面层的存在有效抑制了局部的应力集中问题，界面层的存在同时使各组元层在变形过程中受到相互之间的压应力作用，压应力的存在可以有效地抑制裂纹的形核及拓展[12]。其次 Cu/Ni 复层箔相对于单层材料而言，界面层的存在使得其在产生分散性失稳时可以通过各组元之间的交替进行来完成，因此可提高复层箔的延伸率。

随着热处理温度的增加，Cu/Ni 复层箔的基体层材料晶粒尺寸不断增加，导致基体层厚向晶粒数量逐渐减小。当板材厚向晶粒数量降低到一定值时会严重影响其断裂行为[13,14]。纯铜和纯镍的塑性均较好，宏观尺度下其断裂主要是剪切型的韧性断裂，然而在介观尺度下，Cu/Ni 复层箔的宏观断口形貌却是比较平齐的，这是与宏观塑性断裂有较大差别，如图 3.17 所示。为更好地探究 Cu/Ni 复层箔的介观尺度塑性断裂行为，对 Cu/Ni 复层箔拉伸断裂后断口附近的板平面微观组织进行观察，如图 3.18 所示。从拉伸断裂后断口附近的微观组织可以看出，断口附近依然凹凸不平，其产生的主要原因是断口附近变形剧烈，表面粗化比较严重。

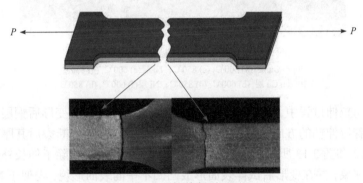

图 3.17　拉伸断裂后图

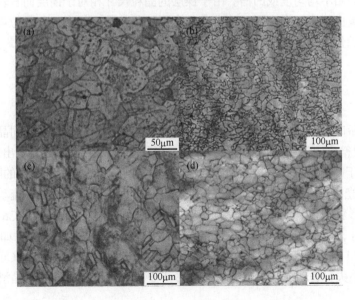

图 3.18　变形后断口附近金相微观组织图

50μm Cu 层　(a) 600℃, (c) 850℃；Ni 层(e) 600℃, (g) 850℃

100μm Cu 层　(b) 600℃, (d) 850℃；Ni 层(f) 600℃, (h) 850℃

在单向拉伸过程中，断口附近的微观组织变形剧烈，且变形后铜层晶粒和镍层晶粒沿着拉伸轴的方向明显伸长。Cu/Ni 复层箔单向拉伸断裂后其厚向微观组织如图 3.12 和图 3.13 所示。铜层晶粒尺寸较大，变形后晶粒除了伸长外还发生明显的转动现象，并在变形后试样表面形成凸凹不平的表面形貌，类似于 M-K 理论中提到的初始不均匀度或凹槽。由于镍层的晶粒尺寸相对于铜层而言较小，其厚向晶粒数量也较多，在变形过程中参与变形的晶粒数也较多，各晶粒可以通过协调变形完成整体塑性变形，因此镍侧的表面相对光滑些。

3.4　微观断口分析

薄板断口形貌是描述材料断裂行为最直观的方法。图 3.19 为不同晶粒尺寸的 Cu/Ni 复层箔(厚度为 500μm)拉伸试样断口形貌。从图 3.19(a)可以看出，Cu 层和 Ni 层都高于临界特征尺寸的 Cu/Ni 复层箔试样的断口中 Cu 层有明显的断裂韧窝，Ni 层断面光滑且有少许孔洞，主要分布在靠近界面层的位置。材料流动表现出复杂的变形形貌，整个试样断口较为平整。随着晶粒尺寸的增大，当 Cu 层低于临界特征尺寸，Cu 层的断裂韧窝明显减少，Ni 层的孔洞也基本消失，如图 3.19(b)所示。当 Ni 层也低于临界特征尺寸，Cu 层厚度方向只有一个晶粒，Cu 层的断口韧窝基本消失，表现出有规律的单晶滑移特征，Ni 层出现明显的单晶滑移特征且

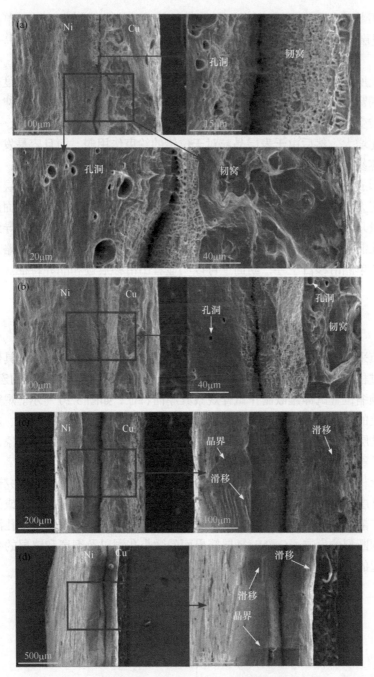

图 3.19　500um 厚的 Cu/Ni 复层箔单向拉伸断口形貌

(a) t_{Cu}/d_{Cu}=4.12, t_{Ni}/d_{Ni}=3.21；(b) t_{Cu}/d_{Cu}=2.76, t_{Ni}/d_{Ni}=2.63；
(c) t_{Cu}/d_{Cu}=1.18, t_{Ni}/d_{Ni}=2.24；(d) t_{Cu}/d_{Cu}=0.80, t_{Ni}/d_{Ni}=1.67

断口呈刃状，如图 3.19(c)所示。随着晶粒尺度的进一步增大，处于单晶尺度的 Cu/Ni 复层箔的断口表面比较光滑，Cu 层和 Ni 层表现出明显的滑移特征，断面呈刃状。

综上所述，随着 Cu 层和 Ni 层特征尺度的降低，材料韧性断裂尺度效应愈发明显，韧窝和孔洞基本消失，断裂模式由复杂的多种断裂模式向有规律的单晶滑移模式转变。这种现象的主要原因是，随着厚度方向晶粒数目的减少，表面层晶粒的占比增大。然后由于表层晶粒对于位错的约束作用弱，而且容易发生转动使得位错容易开动，不利用位错的塞积仅为形成孔洞或者韧窝[14]。因此，韧窝和孔洞主要形成与 Cu 层和 Ni 层的内部晶粒的晶界位置。由于 Cu 层和 Ni 层在变形过程中的应力水平不同，界面层附近存在应力梯度，为了协调变形，界面层附近会产生大量几何必要位错。随着晶粒尺寸的增大，内层晶粒数目减少，导致断面上韧窝和孔洞逐渐减少。当厚度方向只有 1~2 晶粒时，内层晶粒可以忽略，断裂模式变成了单晶滑移占主导，断面上可以明显看出滑移痕迹和晶界特征。

3.5　断裂微观机制分析

本节采用拉伸中断实验方法探究 Cu/Ni 复层箔的断裂微观机制，具体是当试样拉伸过程中最大载荷降低 5%时停止实验，此时试样并未发生明显的宏观断裂。取局部颈缩位置试样镶嵌制作试样观察其厚向特征，如图 3.20 所示。观察沿拉伸轴方向上的 A-A、B-B 和 C-C 不同截面试样结构特征，如图 3.21 所示，发现虽然 Cu/Ni 复层箔试样整体上未发生断裂，但其局部已发生明显的断裂现象，镍层和界面层已经发生明显断裂，而铜层并未发生断裂。

层状材料单向拉伸过程中其裂纹会优先在界面层处形成。前面研究还发现，Cu/Ni 复层箔原始试样界面处有微小孔洞存在，有可能是轧制过程中或热处理过程中热扩散引起的。Cu/Ni 复层箔中断试样的断口位置也发现了微小孔洞痕迹或微小孔洞断裂的痕迹。Cu/Ni 复层箔界面的微小孔洞以及铜层和镍层的变形不协调性引起的界面层应力集中问题，加剧界面层孔洞的扩展，直至断裂。

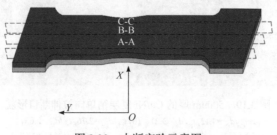

图 3.20　中断实验示意图

图 3.21　不同断裂截面金相图

当 Cu/Ni 复层箔界面层发生断裂后，铜层和镍层发生分离，两者之间的横向变形约束消失，类似于单层铜和单层镍单向拉伸过程，当继续加载时会导致铜层和镍层断裂。图 3.22 为 Cu/Ni 复层箔厚向 A-A 截面的微观组织照片，可见复层箔界面层处分布着许多微孔洞。Cu/Ni 复层箔拉伸断裂时铜层颈缩长度明显高于镍层，当镍层已经完全断裂时，铜层虽发生了明显的颈缩但未完全断裂。Cu/Ni 复层箔界面层微孔洞扩展到镍层引起其应变集中，镍层发生集中性失稳直至断裂。当镍层发生完全断裂后,应力全部加载在铜层而导致铜层的集中性失稳直至断裂，至此整个 Cu/Ni 复层箔发生完全断裂。Cu/Ni 复层箔拉伸塑性变形过程中，断裂是按照界面层处形成裂纹-裂纹扩展-镍层断裂-铜层断裂，直至整个复层箔断裂。

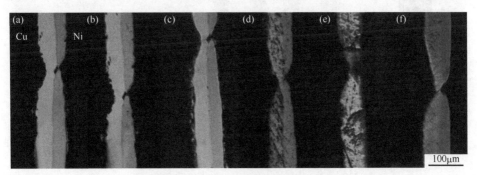

图 3.22　铜层、镍层断裂示意图
(a) 界面层发生断裂；(b)~(e) 镍层断裂铜层颈缩；(f) 铜层断裂

纯铜和纯镍薄板单向拉伸塑性变形时的加工硬化率曲线如图 3.23 所示，纯铜的加工硬化率低于纯镍的加工硬化率，且纯铜的加工硬化率随应变降低的速度明显低于纯镍，表明纯镍在大应变条件下其抵抗塑性变形失稳的能力要低于铜层。因此，Cu/Ni 复层箔拉伸塑性变形过程中镍层首先发生失稳断裂。根据以上分析，本节绘制了 Cu/Ni 复层箔断裂过程示意图，如图 3.24 所示。

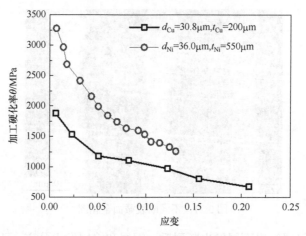

图 3.23 纯铜和纯镍的加工硬化率

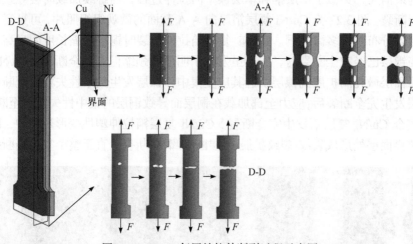

图 3.24 Cu/Ni 复层箔拉伸断裂过程示意图

3.6 本 章 小 结

本章从 Cu/Ni 复层箔拉伸塑性变形的工程应力-工程应变曲线出发,分析了 Cu/Ni 复层箔屈服强度、抗拉强度和延伸率的变化规律,从宏微观断口形貌及微观组织角度探究了其断裂过程,揭示了 Cu/Ni 复层箔的断裂微观机制。主要结论如下:

(1) 在厚度相同的情况下,Cu/Ni 复层箔的屈服强度和抗拉强度随着热处理温度的增加而逐渐减小;在热处理温度相同时,Cu/Ni 复层箔的屈服强度和抗拉强度表现出明显的"越小越强"的尺度效应现象。

(2) Cu/Ni 复层箔的延伸率具有明显的微观组织不敏感性，主要与其厚度依赖性较大，表现出明显的"越小越弱"的尺度效应现象。Cu/Ni 复层箔的延伸率明显高于与其晶粒尺寸和厚度相近的纯铜或纯镍材料的延伸率。

(3) Cu/Ni 复层箔界面层处存在明显的微小孔洞，首先界面层处发生断裂，界面层处具有明显的韧窝断裂特征；其次镍层发生集中性失稳直至断裂；最后铜层发生集中性失稳断裂。

参 考 文 献

[1] Keller C, Hug E, Chateigner D. On the origin of the stress decrease for nickel polycrystals with few grains across the thickness[J]. Materials Science & Engineering A, 2009, 500(1): 207-215.

[2] Chen S, Brown L, Levendorf M, et al. Oxidation resistance of graphene-coated Cu and Cu/Ni alloy[J]. Acs Nano, 2011, 5(2): 1321.

[3] Hang C J, Wang C Q, Mayer M, et al. Growth behavior of Cu/Al intermetallic compounds and cracks in copper ball bonds during isothermal aging[J]. Microelectronics Reliability, 2008, 48(3): 416-424.

[4] Hoon K K, Hong S H, Il C S, et al. Bonding quality of copper-nickel fine clad metal prepared by surface activated bonding[J]. Materials Transactions, 2010, 51(4): 787-792.

[5] Semiatin S L, Piehler H R. Deformation of sandwich sheet materials in uniaxial tension[J]. Metallurgical and Materials Transactions A, 1979, 10(1): 85-96.

[6] Jung T, Kim K, Joh D, et al. Tensile properties of copper-nickel fine clad prepared by surface activation bonding and subsequent heat treatment[J]. Electronic Materials Letters, 2013, 9(6): 767-770.

[7] Wang C, Wang C, Xu J, et al. Plastic deformation size effects in micro-compression of pure nickel with a few grains across diameter[J]. Materials Science & Engineering A, 2015, 636: 352-360.

[8] Meng B, Fu M W. Size effect on deformation behavior and ductile fracture in microforming of pure copper sheets considering free surface roughening[J]. Materials & Design, 2015, 83: 400-412.

[9] Nambu S, Michiuchi M, Inoue J, et al. Effect of interfacial bonding strength on tensile ductility of multilayered steel composites[J]. Composites Science & Technology, 2009, 69(11): 1936-1941.

[10] 耿芳芳. 铜/镍复层箔微拉伸塑性变形行为研究[D]. 哈尔滨: 哈尔滨工业大学, 2017:28-56.

[11] Prakash B G B, Dube R K. Processing and properties of 3-layer laminated composites based on ultra high carbon steel and mild steel[J]. ISIJ International, 1996, 36(9): 1184-1189.

[12] Fang Z, Jiang Z, Wang X, et al. Grain size effect of thickness/average grain size on mechanical behaviour, fracture mechanism and constitutive model for phosphor bronze foil[J]. The International Journal of Advanced Manufacturing Technology, 2015, 79(9): 1905-1914.

[13] Fu M W, Chan W L. Geometry and grain size effects on the fracture behavior of sheet metal in micro-scale plastic deformation[J]. Materials & Design, 2011, 32(10): 4738-4746.

[14] 何东. 双相多晶钛合金微观塑性变形机理与组织演化的定量研究[D]. 哈尔滨: 哈尔滨工业大学, 2012: 23-45.

第 4 章　铜/镍复层箔软模微弯曲尺度效应

4.1　引　言

随着金属厚度减小其塑性变形过程中产生的回弹加剧。复层箔由不同金属组元层组成，塑性变形过程中应力状态极为复杂，变形过程难以预测。软模成形被广泛应用于深拉深、弯曲和冲压，它包括一个弹性材料，在冲头和板材之间或板材和凹模之间。在板材成形过程中，运用软模成形具有众多优点，弹性材料可以消除板材成形过程中的表面划伤，提高表面质量；还能降低模具生产成本和模具维护成本，同时减少对准困难，生产复杂形状零件。在弯曲过程中，使用软模还能减少回弹。但在介观尺度的金属复合板弯曲中，少有软模的应用。

4.2　实验材料及方案

4.2.1　实验材料及处理

1) 实验材料

选用厚度 100μm、铜∶镍厚度比 1.25∶1 的 Cu/Ni 复层箔作为实验材料。采用电火花线切割制备结构尺寸如图 4.1 所示的 Cu/Ni 复层箔弯曲试样。

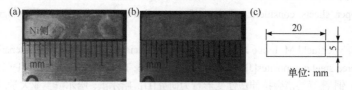

图 4.1　弯曲试样实物图

(a) Ni 侧；(b) Cu 侧；(c) 尺寸示意图

2) 热处理

为了消除原始 Cu/Ni 复层箔材料的加工硬化，同时得到均匀的微观组织并提高箔材的塑性变形能力，对线切割后的试样进行真空退火处理。热处理制度分别定为 600℃、700℃和 850℃，保温时间为 1h，冷却方式为空冷。表 4.1 为不同热处理制度处理后的基体晶粒尺寸和厚度参数。图 4.2 为不同热处理制度处理后的试样轧制方向微观组织。

表 4.1　不同退火处理下坯料各层的晶粒尺寸和厚度

晶粒尺寸和厚度	退火温度/℃		
	600	700	850
铜层晶粒尺寸/μm	39.7	56.4	62.7
镍层晶粒尺寸/μm	15.5	17.9	22.9
铜层厚度/μm	50.69	47.2	44.9
界面层厚度/μm	8.06	13.2	16.7
镍层厚度/μm	43.31	41.6	40.4

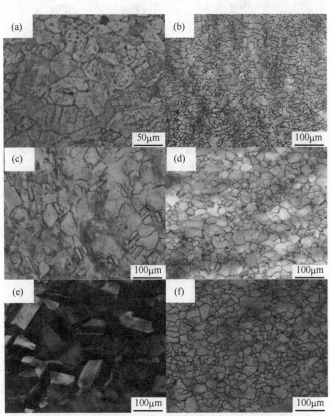

图 4.2　不同退火处理下坯料沿轧制方向微观组织

(a) 600℃, Cu；(b) 600℃, Ni；(c) 700℃, Cu；(d) 700℃, Ni；(e) 850℃, Cu；(f) 850℃, Ni

4.2.2　实验方案

本实验采用 30kN 万能材料实验机，如图 4.3 所示。实验装置包括模座、冲头、橡胶、顶杆等。橡胶、Cu/Ni 复层箔弯曲试样和冲头按先后次序放入模座模腔中。刚性冲头包括三种不同弯曲角,分别命名为 P1(α_1=60°,θ=120°)、P2 (α_2=90°,θ=90°)、P3 (α_3=120°,θ=60°)。三种刚性冲头的尺寸如图 4.4 所示。冲头尺寸中,α 为弯曲角,θ 模具角度,r 为冲头圆角半径,主要几何尺寸如表 4.2 所示。

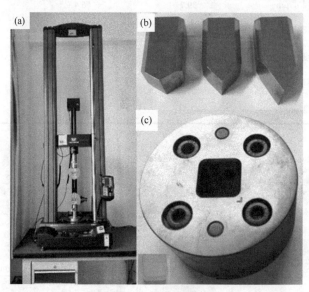

图 4.3　实验平台

(a) 实验中采用的压力机; (b) 实验冲头; (c) 凹模和橡胶

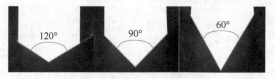

图 4.4　刚性冲头角度

表 4.2　模具主要几何尺寸

序号	θ/(°)	α/(°)	r/mm
P1	120	60	0.1
P2	90	90	0.1
P3	60	120	0.1

　　在进行确定最佳下压量实验之前,需理论推导冲头最佳下压量的范围,保证试样弯曲完全的同时,下压量最小。因不同角度冲头向下移动相同位移的压力不同,采用力加载方式不利于对比不同模具尺寸下试样的回弹规律,故采用位移加载方式。位移加载方式可以保证相同位移时,软模的变形量相同,因而施加在试样上的背压也相同。

推导理论下压量使用了以下假设:

(1) 板材厚度不计,试样厚度 t=0.1mm 相比于软模的厚度 h_1=10mm 忽略不计。

(2) 软模受挤压后不与试样相接触的表面为平面,如图 4.5 所示。

(3) 宽度方向无变形。

变形前的橡胶尺寸高为 h_1=10mm,正方形截面边长 a=20mm。变形后橡胶尺寸高设为 h_2,边长为 a,模具角度为 α。

由几何关系可得

$$h_2 = h_1 - h + \frac{a}{2}\cos\frac{\alpha}{2} \tag{4-1}$$

由体积不变条件,可得

$$h_1 a = h_2 a - \frac{a}{2}\cos\frac{\alpha}{2} \cdot \frac{a}{2}\sin\frac{\alpha}{2} \tag{4-2}$$

联立等式,可得下压量

$$h = \frac{a}{2}\cos\frac{\alpha}{2} - \frac{a}{8}\sin\alpha \tag{4-3}$$

通过计算可得,当 α=120°时,h=2.83mm;当 α=90°时,h=4.57mm;当 α=60°时,h=6.50mm。

考虑到橡胶软模实际尺寸 19.5mm×19.5mm 略小于型腔尺寸 20mm×20mm,对下压量 h 进行一定的体积补偿。修正后的软模变形前后图如图 4.6 所示。

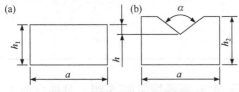

图 4.5 软模变形前后示意图
(a) 变形前;(b) 变形后

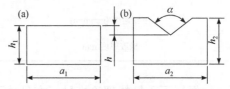

图 4.6 体积修正后软模变形前后示意图
(a) 变形前;(b) 变形后

由几何关系可得

$$h_2 = h_1 - h + \frac{a_2}{2}\cos\frac{\alpha}{2} \tag{4-4}$$

由体积不变条件,可得

$$h_1 a_1 = h_2 a_2 - \frac{a_2}{2}\cos\frac{\alpha}{2} \cdot \frac{a_2}{2}\sin\frac{\alpha}{2} \tag{4-5}$$

联立等式,可得下压量

$$h = h_1 \left(1 - \frac{a_1}{a_2} \right) \frac{a_2}{2} \cos\frac{\alpha}{2} - \frac{a_2}{8} \sin\alpha \qquad (4\text{-}6)$$

通过计算可得，当 α=120°时，h=3.33mm；当 α=90°时，h=5.07mm；当 α=60°时，h=7.00mm。

确定最佳下压量实验的目的是得到完全弯曲的最小下压量。因为 600℃ 热处理的试样流动应力更大，相比于热处理温度更高的试样更不容易弯曲完全，所以采用 600℃ 的试样作为确定最佳下压量实验的试样，可以保证得到的下压量能使 600℃ 和 850℃ 热处理的试样弯曲完全。

复层箔软模微弯曲实验中的实验参数如表 4.3 所示，其中铜上镍下(Cu-Ni)表示软模与铜层接触，凹模与镍层接触，镍上铜下(Ni-Cu)则相反。使用光学数码显微镜对弯曲件轮廓图进行观察，测量弯曲件回弹后弯曲角、壁厚减薄量等，分析不同实验参数对微流道软模成形质量的影响。

表 4.3 弯曲成形实验参数

实验参数	数值
弯曲角/(°)	60,90,120
下压量/mm	3.9,4.5,6.5
退火温度/℃	600,700,850
箔材放置方式	Cu-Ni,Ni-Cu
下压速度/(mm/min)	2
橡胶厚度/mm	10

根据下压量的理论推导，在最佳下压量 h 周围均匀取 5 组，具体取值如表 4.4。当 60°、90°、120°冲头下压量增加，回弹角减小。当下压量增加到 6.5mm、4.5mm、3.9mm 时，回弹增加，选择这三个下压量作为 60°、90°、120°冲头的下压量。

表 4.4 确定最佳下压量实验

热处理温度/℃	模具结构/(°)	放置方式	下压量/mm	试样数量
			6.1	3
			6.3	3
600	60	Cu-Ni (铜上镍下)	6.5	3
			6.7	3
			6.9	3

续表

热处理温度/℃	模具结构/(°)	放置方式	下压量/mm	试样数量
600	90	Cu-Ni (铜上镍下)	4.5	3
			4.7	3
			4.9	3
			5.1	3
			5.3	3
	120		3.1	3
			3.3	3
			3.5	3
			3.7	3
			3.9	3

4.3　Cu/Ni 复层箔软模微弯曲过程的模拟分析

4.3.1　有限元模型构建

1. 部件模型

本节所用的软模成形模具如图 4.7 所示。弯曲原理为通过刚性冲头接触复层箔，复层箔促使橡胶变形，提供背压使复层箔弯曲贴到刚性冲头上。

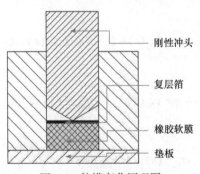

图 4.7　软模弯曲原理图

刚性冲头

复层箔

橡胶软膜

垫板

2. 分析步

复层箔的软模微弯曲过程利用动态显式算法计算，而回弹变形过程的计算选用静态隐式求解。对于回弹变形的有限元求解过程，一般分为有模法和无模法。有模法涉及变形体和模具之间复杂的接触条件，故适用于复杂成形的回弹分析；而无模法适用于简单成形的回弹分析。本书的模型较简单故选择无模法。

3. 材料参数

在本章有限元模拟的材料模型中，采用前文中所构建的 Cu/Ni 复层箔本构模型，主要是考虑材料尺度效应参数 η (晶粒尺寸与对应金属层厚度之比)，建立考虑尺度效应影响的铜/镍复层箔本构模型，并对其中参数进行求解，通过计算得出铜层、镍层和界面层的应力-应变数据作为有限元模拟的材料参数。每层金属的模型如式(4-7)~式(4-9)所示[1]，具体的参数如表 4.5 所示。

表 4.5　Cu/Ni 复层箔材料本构模型参数

求解参数	热处理温度		
	600℃	700℃	850℃
$\eta(\text{Cu})$	0.783	1.194	1.396
m'		2.5	
$\tau_{\text{Cu}}/\text{MPa}$		$248.481\varepsilon^{0.71146}$	
M		3.1	
$k_{\text{Cu}}/(\text{MPa·μm}^{0.5})$		30.1	
$d_{\text{Cu}}/\text{μm}$	39.7	56.4	62.7
$\eta(\text{Ni})$	0.358	0.430	0.568
$\tau_{\text{Ni}}/\text{MPa}$		$306\varepsilon^{0.5208815}$	
$k_{\text{Ni}}/(\text{MPa·μm}^{0.5})$		23	
$d_{\text{Ni}}/\text{μm}$	15.5	17.9	22.9

铜层模型：

$$\sigma_{\text{Cu}}(\varepsilon,\eta) = \eta m' \tau_{\text{Cu}}(\varepsilon) + (1-\eta)(M\tau_{\text{Cu}}(\varepsilon) + k_{\text{Cu}}/\sqrt{d_{\text{Cu}}}) \tag{4-7}$$

镍层模型：

$$\sigma_{\text{Ni}}(\varepsilon,\eta) = \eta m' \tau_{\text{Ni}}(\varepsilon) + (1-\eta)(M\tau_{\text{Ni}}(\varepsilon) + k_{\text{Ni}}/\sqrt{d_{\text{Ni}}}) \tag{4-8}$$

界面层模型：

$$\sigma_{\text{inter}}(\varepsilon) = M\tau_{\text{inter}}(\varepsilon) + k/\sqrt{d_{\text{inter}}} \tag{4-9}$$

式中，σ_{Cu} 为纯铜的流动应力(MPa)；σ_{Ni} 为纯镍的流动应力(MPa)；σ_{inter} 为界面层处的流动应力(MPa)；$\tau_{\text{Cu}}(\varepsilon)$ 为纯铜处给定应变时的剪切应力(MPa)；$\tau_{\text{Ni}}(\varepsilon)$ 为纯镍处给定应变时的剪切应力(MPa)；$\tau_{\text{inter}}(\varepsilon)$ 为界面层处给定应变时的剪切应力(MPa)；M 为多晶体的泰勒因子；m' 为介于单晶体与多晶体间的泰勒因子；η 为材料尺度效应参数，表征表层晶粒所占的比重；k 为与材料有关的参数；d 为平均晶粒尺寸(μm)。

有限元分析中采用邵氏硬度为 65HA 的聚氨酯橡胶作为软模弯曲中的软模材料。聚氨酯橡胶材料可认为是各向同性、不可压缩的超弹性体，其力学性能参数通过应变能函数来表达，一般常采用 Mooney-Rivlin(M-R)超弹性本构模型作为聚氨酯橡胶的力学模型：

$$U = C_{10}(I_1 - 3) + C_{01}(I_2 - 3) \tag{4-10}$$

式中，U 为聚氨酯橡胶的应变能；C_{10}、C_{01} 分别为 M-R 模型的两个参数；I_1、I_2 分别为聚氨酯橡胶的两个变形张量不变量。

本章通过经验公式得出 C_{10} 和 C_{01}。聚氨酯橡胶的弹性模量与剪切模量之间满足式(4-11)[2]：

$$G = \frac{E}{2(1+\mu)} \tag{4-11}$$

式中，G 为剪切模量；E 为弹性模量；μ 为泊松比，橡胶材料一般取 0.5。

弹性模量 E 与 C_{10} 和 C_{01} 关系为

$$E = 6C_{10}\left(1 + \frac{C_{01}}{C_{10}}\right) \tag{4-12}$$

有研究表明橡胶硬度与弹性模量之间存在一定的关系[2]：

$$\lg E = 0.0198 H_r - 0.5432 \tag{4-13}$$

式中，H_r 为橡胶硬度。

郑明军等[3]研究指出，当聚氨酯橡胶硬度为 60HA 左右时，$C_{01}/C_{10}=0.05$ 最接近聚氨酯橡胶的应力-应变曲线。由式(4-11)～式(4-13)可得 C_{10} 和 C_{01} 两个参数，如表 4.6 所示。

表 4.6　橡胶 M-R 力学模型参数

材料	硬度/HA	C_{10}	C_{01}	泊松比 μ
橡胶	60	0.880	0.044	0.5

为了符合 Cu/Ni 复层箔的实际情况，将 Cu/Ni 复层箔分为铜层、镍层、界面层三层，模型如图 4.8 所示，需要划分单元的部件有两个：软模材料和 Cu/Ni 复层箔材料。采用解析刚体部件模拟刚性凸模和凹模容框。

4. 单元类型

薄板材料选用 CPE4R 单元来模拟，而软模材料选用 CPE4RH 单元来模拟。

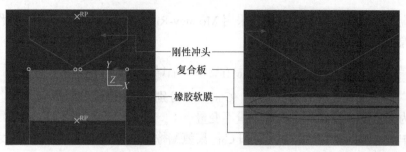

图 4.8　软模有限元模型

5. 接触参数

本章模拟中都采用具有主面和从面接触的面面接触模型。该模型中有两个面面接触，分别是冲头与 Cu/Ni 复层箔材料的接触和 Cu/Ni 复层箔材料与软模的接触。冲头与 Cu/Ni 复层箔材料的接触中，冲头为主接触面，Cu/Ni 复层箔材料为从接触面；Cu/Ni 复层箔材料与软模中，Cu/Ni 复层箔为主接触面，软模为从接触面。这样的设置能保证相对软的材料在计算中不被穿透。接触面内的摩擦选用经典库仑模型，只考虑沿 Cu/Ni 复层箔切向的摩擦力，其等效摩擦系数设置见表 4.7。

表 4.7　摩擦系数

类别	冲头-板料	板料-软模
等效摩擦系数	0.1	0.2

6. 载荷与边界条件

通过对刚性冲头施加向下载荷并产生向下位移 2.5mm，迫使 Cu/Ni 复层箔发生弯曲变形。在 0.002 的分析时间步内，下压量由 0 线性增大到 2.0mm。软模容腔固定不发生任何方向的位移。软模仅发生上下移动，不发生左右移动。冲头只允许发生上下移动。

4.3.2　微弯曲过程分析

利用有限元软件模拟所得的应力-时间步曲线如图 4.9 所示。从图中可以看出，微弯曲变形前期所需应力较小，随着应力的逐渐增大，箔材会逐渐贴模。当复层箔所受应力急剧增大时，弯曲已基本成形，但与冲头圆角接触的部分不能完全贴模，存在一定间隙，当压力增大较大时，间隙会部分减小，贴模更加完全。

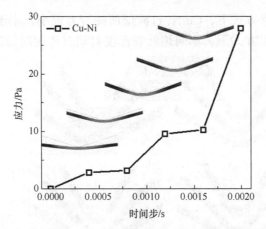

图 4.9　铜上镍下、冲头角度 120°、热处理温度 850℃微弯曲模拟应力-时间步曲线

图 4.10 模拟了弯曲过程。在贴模过程中，箔材端部将向外部分扩张产生回弹。继续增大下压量时，回弹会逐渐减小，直至弯曲完全。

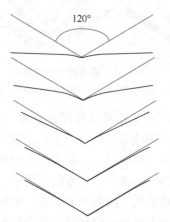

图 4.10　模拟 120°冲头的弯曲过程

图 4.11 为不同热处理温度和不同弯曲角的等效应力分布。软模微弯曲过程一般分为两个阶段：首先是基本弯曲过程，复层箔在刚性冲头的作用下发生翘曲，并将冲头的压力传递到橡胶上，橡胶受到压缩产生变形，给复层箔一个反向的背压，使复层箔与冲头圆角接触部分弯曲，率先贴模。其次是贴模过程，复层箔除与冲头鼻尖接触部分，其他部分逐渐从橡胶上远离，随着冲头的下压逐渐贴向冲头。

由等效应力云图可以看出，模具 V 形弯曲角度 θ 越大，即弯曲角 $\alpha=\pi-\theta$ 越小，复层箔整体应力越小。镍层无论是在弯曲的内侧还是外侧，所受应力都比铜层大。在镍上铜下方式放置时，Cu/Ni 过渡层受到的应力较大，甚至大于弯曲外侧的铜层。而在相反放置方式下，Cu/Ni 过渡层所受应力较小，小于铜层和镍层所受应力。同一种放置方式下，不同热处理温度对箔材弯曲时的应力影响不显著。

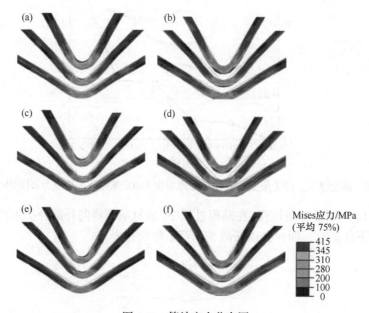

图 4.11　等效应力分布图

(a) Ni-Cu, 600℃；(b) Ni-Cu, 700℃；(c) Ni-Cu, 850℃；(d) Cu-Ni, 600℃；(e) Cu-Ni, 700℃；(f) Cu-Ni, 850℃

由图 4.12 可以看出，模具 V 形弯曲角度 θ 越大，变形程度越大，金属层应变越大。铜层无论是在弯曲内侧还是外侧，产生的应变都比镍层大。Cu/Ni 过渡层的应变较小。随着热处理温度的增高，箔材产生应变整体减小，但不明显。

由横向应力图(图 4.13)可以看出，在弯曲过程中，应力中性层向内层移动，甚至超过 Cu/Ni 过渡层，移动到了内侧的金属层。随着冲头的下压，弯曲件厚向对称面上横向应力增大。增大到某一位移时，应力反而有稍许减少。

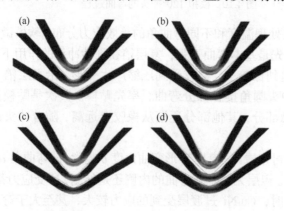

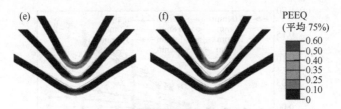

图 4.12　等效应变

(a) Ni-Cu, 600℃; (b) Ni-Cu, 700℃; (c) Ni-Cu, 850℃; (d) Cu-Ni, 600℃; (e) Cu-Ni, 700℃; (f) Cu-Ni, 850℃

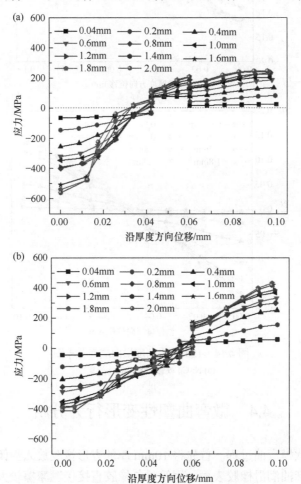

图 4.13　120°冲头角度、850℃热处理横向应力分布

(a) Ni-Cu 放置；(b) Cu-Ni 放置

　　由图 4.14 可以看出，应变中性层在镍上铜下方式放置时，内移到内侧金属层；在铜上镍下方式放置时，应变中性层仍停留在 Cu/Ni 过渡层。

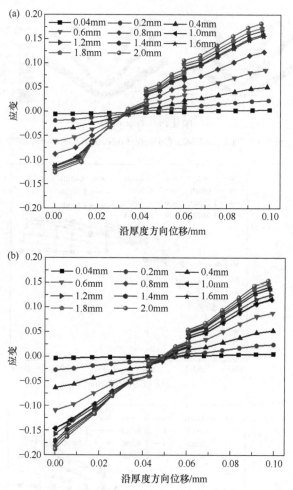

图 4.14 120°冲头角度横向应变分布图
(a) Ni-Cu 放置；(b) Cu-Ni 放置

4.4 微弯曲塑性变形行为分析

本节研究软模弯曲过程。首先将 10mm 厚的方形橡胶放入封闭凹模中，用棉签蘸取少量蓖麻油润滑橡胶表面。因箔材与橡胶直接接触摩擦较大，少量蓖麻油可以减少摩擦。接着用镊子将清洗干净的箔材放在橡胶正中央，尽量使冲头的折线与箔材的中心对称线重合，以减少测量回弹后弯曲角的误差。摆放完试样后将冲头竖直放入凹模，轻轻与箔材接触。

在 30kN 材料拉伸实验机上使用压缩模具，并在计算机测试软件上设置运行参数。如前几章所述，本实验采用位移加载。结合经验，设置加载速度为 2mm/min，分别换上 120°、90°和 60°的模具冲头，设置不同下压量，每组重复 5 次，以减少实验误差。更改放置方式，重复实验。弯曲结束后卸载，用棉签将弯曲完全的箔材从冲头上取下，用丙酮清洗后分类装入收纳盒，用于后期弯曲后回弹角的测量、厚度测量和组织观察。回弹后的弯曲件轮廓可以用轮廓仪扫描测得。回弹后的弯曲角可由电子尺确定三点后测量，测得角度如图 4.15 所示。

图 4.15　回弹后弯曲试样

(a) 轮廓仪下测量角度；(b) 实际弯曲件

由表 4.8 可以看出，弯曲角为 60°的弯曲件，退火温度越高，箔材弯曲时厚度增加越多。对比两种放置方式，镍上铜下方式放置时，厚度减薄比铜上镍下方式放置时严重。由表 4.9 中实验厚度可以看出镍上铜下放置时，850℃热处理过的箔材厚度减薄。弯曲角越小，厚度减薄越严重。而当镍上铜下放置时，相同退火处理的箔材厚度增加，与 Yilamu 等[4]的空弯实验规律一致，即当较软一层在弯曲冲头里时，有可能发生板材变厚。这是因为当较强的镍层在内侧时，压应力占主导，所以箔材厚度增加。

表 4.8　弯曲角为 60°、铜上镍下的弯曲件回弹后圆角处厚度

厚度	退火温度/℃		
	600	700	850
实验厚度/μm	104.49	109.20	112.85
模拟厚度/μm	97.06	97.20	97.23

表 4.9　850℃热处理、镍上铜下的弯曲件回弹后圆角处厚度

厚度	模具角度/(°)		
	60	90	120
实验厚度/μm	83.22	88.72	96.32
模拟厚度/μm	92.81	92.86	95.87

在本实验中，模具角度越大，对应弯曲角越小。在 4.3 节有限元模拟中已说明，弯曲角越小，弯曲对称截面所受横向拉应力越小，所受弯矩也越小。弯矩大

小与回弹大小一般呈正比关系。

图 4.16 实验结果显示，在相同热处理温度和放置方式下，如镍上铜下放置方式下 600℃或 700℃热处理后的箔材，弯曲角从 60°增加到 120°时，回弹角明显减小。当弯曲角为 120°时，因为凹模的导程不够长，橡胶也具有一定弹性，所以冲头在下压过程中不太稳定，回弹角波动较大，图 4.16 所显示的数值有一定的误差。弯曲角对复层箔弯曲过程的影响规律总体符合对于弯曲过程的分析与预测。退火温度越高，晶粒越大，组织越不均匀，变形过程越复杂。实验测得弯曲件回弹结果如图 4.17 所示。

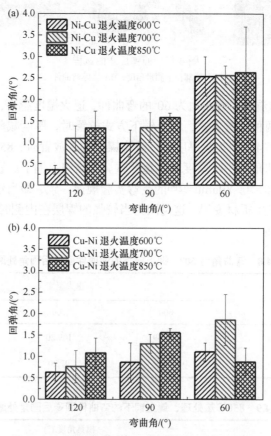

图 4.16　不同放置方式下不同弯曲角对应回弹角
(a) 镍上铜下放置；(b) 铜上镍下放置

由图 4.18 可以看出，不同热处理温度和不同弯曲角对应的弯曲件回弹，在镍上铜下放置时回弹均大于铜上镍下放置，除了 600℃ 退火处理的 120°模具夹角时放置方式对回弹的影响规律有所不同。这可能是因为 600℃ 退火处理的回弹最小，120°模具夹角时回弹也最小，导致回弹后弯曲角测量误差较大。

　　铜的弹性模量比镍小。当镍上铜下放置时，弯曲成形后 Cu/Ni 过渡层所受横向应力为压应力，略大于弯曲外侧铜层的压应力。应力中性层内移到内侧的镍层，所受弯矩较大。而铜上镍下放置时，弯曲成形后 Cu/Ni 过渡层所受横向应力为拉

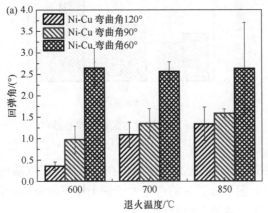

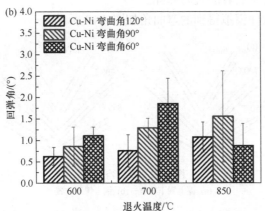

图 4.17　不同放置方式下不同热处理温度对应回弹角
(a) 镍上铜下放置；(b) 铜上镍下放置

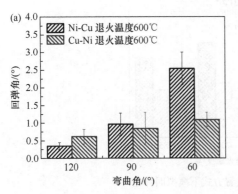

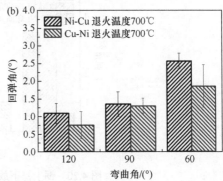

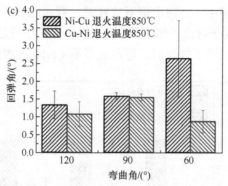

图 4.18　不同放置方式对回弹的影响
(a) 600℃；(b) 700℃；(c) 850℃

应力，略小于内层拉应力，且应力中性层仍在过渡层，靠近箔材厚向的几何中心，所受弯矩较小。镍上铜下放置时的弯矩大于铜上镍下放置的弯矩，所以以前者方式放置时，回弹大于后者放置时回弹。

利用有限元软件模拟得到的弯曲角如图 4.19 所示。

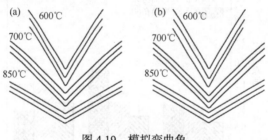

图 4.19　模拟弯曲角
(a) 镍上铜下放置；(b) 铜上镍下放置

以铜上镍下方式放置时，模拟回弹角随弯曲角的减小而增大，如图 4.20 所示。

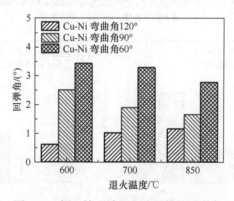

图 4.20　铜上镍下放置方式下模拟回弹角

4.5　微弯曲回弹预测模型构建与分析

复层箔弯曲示意图如图 4.21 所示。图中，R_i、R_o 分别为复层箔弯曲内径和外径；R_n 为应力中性层曲率半径；R_c 为中面层半径；θ 为弯曲角。为方便理论分析复层箔的弯曲过程，做如下假设[5,6]：

(1) 复层箔弯曲时变形处于平面应变状态，即复层箔在宽度方向上应变 ε_z 为零；

(2) 复层箔弯曲变形服从 Kirchhoff 假设；

(3) 复层箔弯曲过程中，冲头圆角处各层金属之间无挤压，即认为复层箔厚向应力 σ_r 为零，且忽略板厚的变化。

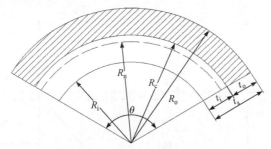

图 4.21　复层箔弯曲示意图

两层金属板材复层箔结构示意图如图 4.22 所示。复层箔的弹性模量和泊松比可以通过弯曲内侧金属板材和弯曲外侧金属板材的弹性模量和泊松比"复合"而成[7]：

$$E_s = (E_i t_i + E_o t_o) / t_s \tag{4-14}$$

$$\mu_s = (\mu_i t_i + \mu_o t_o) / t_s \tag{4-15}$$

$$t_s = t_i + t_o \tag{4-16}$$

式中，E_s 为复层箔的弹性模量；μ_s 为复层箔泊松比；t_s 为复层箔厚度；E_i 为弯曲内侧金属板材的弹性模量；μ_i 为弯曲内侧金属板材的泊松比；t_i 为弯曲内侧金属板材的厚度；E_o 为弯曲外侧金属板材的弹性模量；μ_o 为弯曲外侧金属板材的泊松比；t_o 为弯曲外侧金属板材的厚度。

图 4.22　铜镍复层板

复层箔弯曲截面应力与应变的分布图模拟结果如图 4.23 (a)和(b)所示，实际计算时可简化成图 4.23(c)和(d)。图中，h_1 为内层金属板弹性变形区宽度，h_2 为外层金属板弹性变形区宽度。

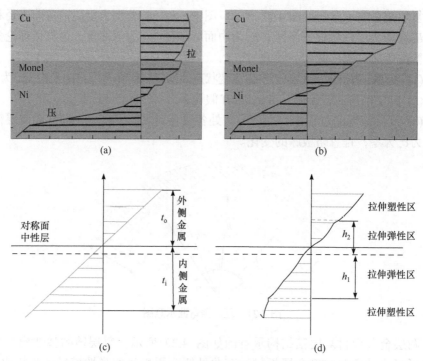

图 4.23　复层箔弯曲应力与应变分布图

(a) 模拟应力分布；(b) 模拟应变分布；(c) 简化应力分布；(d) 简化应变分布

根据 Kirchhoff 假设[5]，对于复层箔弯曲截面任意曲率半径为 R 的一点，其长度方向的线应变可表示为

$$\varepsilon_\theta = \frac{R - R_n}{R_n} \tag{4-17}$$

对于平面应变状态弹性变形的金属板材，横向应力可表示为

$$\sigma_\theta = \frac{E\varepsilon_\theta}{1 - \mu^2} = \frac{E(R - R_n)}{(1 - \mu^2)R} \tag{4-18}$$

式中，σ_θ 为切向应力(MPa)。

弹性变形、弹塑性变形和塑性变形是金属薄板弯曲过程发生的三种主要变形方式。弯曲内外侧金属板将发生部分或完全塑性变形，卸载后弯曲角将发生部分回弹。

当金属表层材料进入塑性变形区后，横向应力服从 Hill 厚向屈服准则，屈服

方程为[5]

$$F^2(\sigma_{ij}, \varepsilon_{ij}) = \sigma_\theta{}^2 + \sigma_z{}^2 - \frac{2\overline{r}}{1+\overline{r}}\sigma_z - \overline{\sigma}^2 \tag{4-19}$$

式中，$\overline{\sigma}$ 为流动应力(MPa)；σ_z 为宽度方向上的应力(MPa)；$\overline{r}$ 为板料厚向异性系数。

在塑性变形区内，由于宽度方向应变等于零，则

$$\mathrm{d}\varepsilon_z^{\mathrm{p}} = \mathrm{d}\lambda\frac{\partial F}{\partial \sigma_z} = 0 \tag{4-20}$$

式中，$\mathrm{d}\lambda$ 为正的待定有限量，它的数值和材料硬化指数法则有关。

与式(4-19)相关联得到

$$\sigma_z = \frac{\overline{r}}{1+\overline{r}}\sigma_\theta \tag{4-21}$$

将式(4-21)代入式(4-19)，可得

$$\sigma_\theta = f\overline{\sigma} \tag{4-22}$$

其中，$f = \dfrac{1+\overline{r}}{\sqrt{1+2\overline{r}}}$。

由等效应变定义，可得到

$$\overline{\varepsilon} = f\varepsilon_0 \tag{4-23}$$

设两层金属板在塑性区内服从指数应力-应变硬化关系

$$\overline{\sigma} = k(\varepsilon_0 + \overline{\varepsilon})^n \tag{4-24}$$

式中，$\overline{\varepsilon}$ 为等效塑性应变；k 为强度系数；n 为应变硬化指数；ε_0 为板料的初始应变。

将式(4-17)、式(4-21)代入式(4-22)，得到进入塑性区表层金属板材的横向应力表达式

$$\sigma_\theta = kf\left(\varepsilon_0 + f\frac{R - R_{\mathrm{n}}}{R_{\mathrm{n}}}\right)^n \tag{4-25}$$

简化处理时，箔材可看作是各向同性材料，$\overline{r}$ 可取 1，$f = \dfrac{2}{\sqrt{3}}$。

复层箔弯曲过程中，横截面弯矩包括内侧金属板弯矩、外侧金属板弯矩两部分

$$M_{\mathrm{s}} = M_{\mathrm{i}} + M_{\mathrm{o}} \tag{4-26}$$

式中，M_{s} 为复层箔弯曲总弯矩；M_{i} 为弯曲内侧金属板弯矩；M_{o} 为弯曲外侧金属板弯矩。

复层箔弯曲过程中，中性层位置向内侧移动，内外侧金属板的弯曲变形方式不对称。各部分弯矩推导过程中，以中性层距内外侧金属板界面的距离 h_1、h_2 分别表示内外侧金属板拉伸弹性区的长度。下面将分别推导各部分弯矩。内侧金属板弯矩和外侧金属板弯矩都按弹塑性变形方式进行推导。

外侧金属板弯矩：

$$M_o = \int_0^{h_1} \frac{E_o}{\left(1-\mu_o^2\right)} y^2 \mathrm{d}y + \int_{h_1}^{t_o} kf\left(\varepsilon_0 + f\frac{y}{R_n}\right)^n y\mathrm{d}y$$

$$= \frac{E_o h_1^3}{3\left(1-\mu_o^2\right)R_n} + \frac{kR_n}{n+1}\left(\varepsilon_0 + f\frac{t_o}{R_n}\right)^{n+1} t_o - \frac{kR_n}{n+1}\left(\varepsilon_0 + f\frac{h_1}{R_n}\right)^{n+1} h_1 \qquad (4\text{-}27)$$

$$- \frac{kR_n^2}{(n+1)(n+2)f}\left(\varepsilon_0 + f\frac{t_o}{R_n}\right)^{n+2} + \frac{kR_n^2}{(n+1)(n+2)f}\left(\varepsilon_0 + f\frac{h_1}{R_n}\right)^{n+2}$$

内侧金属板弯矩：

$$M_i = \int_0^{h_2} \frac{E_i}{\left(1-\mu_i^2\right)} y^2 \mathrm{d}y + \int_{h_2}^{t_i} kf\left(\varepsilon_0 + f\frac{y}{R_n}\right)^n y\mathrm{d}y$$

$$= \frac{E_i h_2^3}{3\left(1-\mu_i^2\right)R_n} + \frac{kR_n}{n+1}\left(\varepsilon_0 + f\frac{t_i}{R_n}\right)^{n+1} t_i - \frac{kR_n}{n+1}\left(\varepsilon_0 + f\frac{h_2}{R_n}\right)^{n+1} h_2 \qquad (4\text{-}28)$$

$$- \frac{kR_n^2}{(n+1)(n+2)f}\left(\varepsilon_0 + f\frac{h_2}{R_n}\right)^{n+2} + \frac{kR_n^2}{(n+1)(n+2)f}\left(\varepsilon_0 + f\frac{h_2}{R_n}\right)^{n+2}$$

经推导得 h_1 和 h_2 可表示为

$$h_1 = \frac{f\bar{\sigma}_s R_n(1-\mu_o)}{E_o} \qquad (4\text{-}29)$$

$$h_2 = \frac{f\bar{\sigma}_s R_n(1-\mu_i)}{E_i} \qquad (4\text{-}30)$$

本节所建立的模型采用 Hill 提出的方程计算复层板弯曲中性层曲率半径[8]：

$$R_n = \sqrt{R_i R_o} \qquad (4\text{-}31)$$

在弯曲卸载过程中，复层箔内部切向应力的变化将引起复层箔的形状和尺寸的变化，主要表现在中性层曲率半径 R_n 卸载后变为 R_n'，角度 α 卸载后变为 α'，由于卸载过程是弹性变形过程，可以利用弹性弯曲时弯矩与曲率变化量的公式进行计算[5]：

$$\frac{1}{R_{\mathrm{n}}} - \frac{1}{R_{\mathrm{n}}'} = \frac{M_{\mathrm{s}}}{E_{\mathrm{s}}' I_{\mathrm{s}}} \tag{4-32}$$

式中，I_{s} 为复层箔单位宽度上横截面惯性矩，可表示为

$$I_{\mathrm{s}} = \frac{(t_{\mathrm{i}} + t_{\mathrm{o}})^3}{12} \tag{4-33}$$

E_{s}' 为复层箔在平面应变下的弹性模量，可表示为

$$E_{\mathrm{s}}' = \frac{E_{\mathrm{s}}}{1 - \mu_{\mathrm{s}}^2} \tag{4-34}$$

卸载后的复层箔中性层曲率半径为

$$R_{\mathrm{n}}' = \frac{R_{\mathrm{n}} t_{\mathrm{s}}^2 \left(E_{\mathrm{i}} t_{\mathrm{i}} + E_{\mathrm{o}} t_{\mathrm{o}} \right)}{t_{\mathrm{s}}^2 \left(E_{\mathrm{i}} t_{\mathrm{i}} + E_{\mathrm{o}} t_{\mathrm{o}} \right) - 12 \left(1 - \mu_{\mathrm{s}}^2 \right) M_{\mathrm{s}}} \tag{4-35}$$

复层箔卸载前后，左右两个端面仍然保持平面，则可测得复层箔卸载前的弯曲角 α 与卸载后的弯曲角 α'。当复层箔发生弹性恢复时，复层箔的中性层长度不发生变化，则

$$R_{\mathrm{n}}' \alpha' = R_{\mathrm{n}} \alpha \tag{4-36}$$

根据式(4-35)和式(4-36)即可求得卸载后的回弹角。

4.6 本章小结

本章利用有限元模拟软件对复层箔软模微弯曲过程进行了数值模拟分析，建立了微弯曲有限元模拟模型，分两步模拟微弯曲过程：第一步利用动态显式算法模拟弯曲加载过程；第二步利用静态隐式算法模拟卸载回弹过程。聚氨酯软模采用 Mooney-Rivlin 超弹性本构模型，箔材利用考虑尺度效应的 Cu/Ni 复层箔本构关系。将箔材分为铜层、镍层和固溶体界面层，以符合复层箔的实际情况。箔材单元类型为 CPE4R，软模单元类型为 CPE4RH。接触类型为面面接触模型。加载方式为位移加载，与实验加载方式相同。

复层箔弯曲过程中，应力中性层会向内侧移动。镍层所受应力始终大于铜层所受应力。镍上铜下放置时，中性层向内侧偏移更显著。随着下压量的增加，弯曲内侧金属板的压应力增加，弯曲外侧金属板的拉应力增加，但当下压量达到一定临界值时，压应力和拉应力反而会随着下压量的增加而减小。

本章对复层箔软模弯曲实验过程及回结果进行了阐述，利用 30kN 万能材料拉伸实验机，用角度分别为 120°、90°、60° 的冲头对 0.1mm 厚度的 Cu/Ni 复层箔

以 2mm/min 的速度下压，得到弯曲完全的弯曲件，重复 5 次。更改退火温度分别为 600℃、700℃、850℃，放置方式分别为 Ni-Cu 和 Cu-Ni 的箔材，重复实验。回弹后的弯曲角用轮廓仪扫描弯曲件轮廓后用电子尺确定三点测量得到。厚度变化由光学显微镜放大倍数后测量得到。

实验结果显示，弯曲角对复层箔弯曲过程的影响显著，冲头角度越大，对应弯曲角越小，回弹越小。这是由于弯曲角小时弯矩小，弹性回弹少；热处理温度，即退火温度对复层箔弯曲过程的影响也较大，退火温度升高，弯曲件回弹角增加。这是因为退火温度越高，组织越不均匀。放置方式对复层箔弯曲过程的影响不显著，但镍上铜下的放置方式比铜上镍下的放置方式回弹稍大。这可由中性层的移动导致弯矩大小差异来解释。镍上铜下放置时，即镍层在内侧时，中性层向内侧移动相比铜层在内侧更为显著，导致弯矩更大，进而回弹更大。当放置方式为铜上镍下时，箔材沿冲头圆角部分厚度减小，而以镍上铜下放置时，箔材厚度增加。

本章同时对复层箔的弯曲回弹角进行了理论解析。假设复层箔弯曲时处于平面应变状态，变形服从 Kirchhoff 假设，横向应力服从 Hill 厚向屈服准则，在塑性区内服从指数应力-应变硬化关系，得到横向应力。弯曲过程横截面弯矩推为内外侧金属板的弯矩叠加，每一层金属板的弯矩分为弹性区的弯矩和塑性区的弯矩。通过弯矩与曲率变化量的关系可以得到卸载后复层箔中性层曲率半径。根据复层箔中性层的长度不发生变化求得回弹角。

参 考 文 献

[1] Yu T X, Johnson W. The press-brake bending of rigid/linear work-hardening plates[J]. International Journal of Mechanical Sciences, 1981, 23(5): 307-318.

[2] 王伟, 邓涛, 赵树高. 橡胶 Mooney-Rivlin 模型中材料常数的确定[J]. 特种橡胶制品, 2004, 25(4): 8-10.

[3] 郑明军, 王文静, 陈政南, 等. 橡胶 Mooney-Rivlin 模型力学性能常数的确定[J]. 橡胶工业, 2003, 50(8): 462-465.

[4] Yilamu K, Hino R, Hamasaki H, et al. Air bending and springback of stainless steel clad aluminum sheet[J]. Journal of Materials Processing Technology, 2010, 210: 272-278.

[5] 刘建光, 刘伟, 薛卫. 铝合金-聚合物复合层板弯曲回弹理论分析[J]. 材料科学与工艺, 2012, 20(1): 114-118.

[6] 张冬娟, 崔振山, 李玉强, 等. 宽板大曲率半径纯弯曲回弹量理论分析[J]. 工程力学, 2006, 23(10): 77-81.

[7] 刘建光, 李文渊, 杨微, 等. 基于抗凹性的铝合金-聚合物复合层板双曲扁壳零件轻量化设计[C]//第十二届全国塑性工程学术年会第四届全球华人塑性加工技术研讨会, 重庆, 2011.

[8] 陶刚. Glare 层板滚弯成形的理论分析与试验研究[D]. 南京: 南京航空航天大学, 2017.

第5章　铜/镍复层箔成形极限尺度效应

5.1　引　言

研究表明，尺度效应的影响使得薄板在介观尺度的流动应力、变形行为和断裂行为表现出与宏观尺度明显的差异。目前，关于尺度效应对介观尺度薄板的成形极限的影响研究较少，特别是对于复层箔介观尺度成形极限的研究较少。成形极限图(FLD)是评价薄板冲压成形性能的关键指标，完整的成形极限图能够有效指导板材冲压成形工艺在工程中的应用。因此，获得完整的 Cu/Ni 复层箔介观尺度成形极限图能够加速 Cu/Ni 复层箔的应用和指导相关零件的制备工艺。

本章分别通过有限元模拟和成形极限实验获得 Cu/Ni 复层箔的成形极限图。基于实验数据，探究试样厚度、晶粒尺寸、加载路径等实验参数对 Cu/Ni 复层箔极限应变的影响；分析尺度效应对 Cu/Ni 复层箔极限应变的作用规律，进一步研究尺度效应在 Cu/Ni 复层箔变形及断裂过程中的作用机理，为之后建立介观尺度 Cu/Ni 复层箔极限应变的预测模型奠定基础。

5.2　实验材料及方案

5.2.1　实验材料及热处理制度

实验材料为前面所描述的 Cu/Ni 复层箔，热处理制度和对应的晶粒尺寸和各金属层厚度在表 5.1 中显示，不同厚度的 Cu/Ni 复层箔在不同热处理制度下 Cu 层和 Ni 层的微观组织图片如图 5.1 所示。图 5.2 显示了 Cu 层、Ni 层和界面层随热处理温度的变化。图 5.3 是不同晶粒尺寸的 Cu/Ni 复层箔的真实应力-真实应变曲线。

表 5.1　热处理制度及晶粒尺寸和各层厚度

试样	试样厚度/μm	退火温度/℃	退火时间/min	Cu 层				Ni 层			
				厚度 t_{Cu}/μm	晶粒尺寸 d_{Cu}/μm	误差/μm	t_{Cu}/d_{Cu}	厚度 t_{Ni}/μm	晶粒尺寸 d_{Ni}/μm	误差/μm	t_{Ni}/d_{Ni}
I		600		22.3	50.0	3.8	0.45	20.9	20.9	1.7	1.00
II	50	700	60	17.8	80.8	4.2	0.22	15.6	35.5	3.9	0.44
III		850		17.0	94.7	5.3	0.18	14.1	50.7	2.9	0.28

续表

试样	试样厚度/μm	退火温度/℃	退火时间/min	Cu 层				Ni 层			
				厚度 t_{Cu}/μm	晶粒尺寸 d_{Cu}/μm	误差/μm	t_{Cu}/d_{Cu}	厚度 t_{Ni}/μm	晶粒尺寸 d_{Ni}/μm	误差/μm	t_{Ni}/d_{Ni}
IV	100	600	60	50.7	74.7	4.5	0.68	43.3	35.9	2.0	1.20
V		700		48.7	87.9	5.2	0.55	42.2	38.4	3.0	1.10
VI		850		44.9	113.4	11.6	0.40	40.4	51.5	4.6	0.78

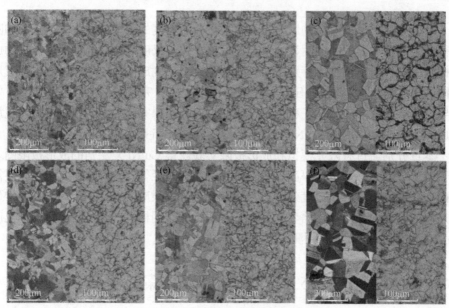

图 5.1　Cu 层和 Ni 层的微观组织

t=50μm (a) 600℃；(b) 700℃；(c) 850℃
t=100μm (d) 600℃；(e) 700℃；(f) 850℃

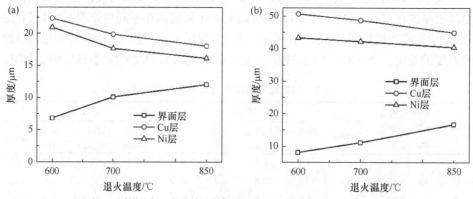

图 5.2　不同厚度 Cu/Ni 复层箔 Cu 层、Ni 层和界面层的厚度变化

(a) t=50μm；(b) t=100μm

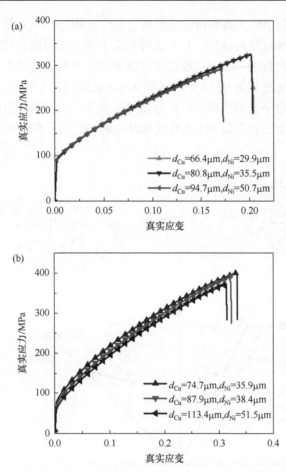

图 5.3　不同晶粒尺寸 Cu/Ni 复层箔真实应力-应变曲线
(a) 50μm；(b) 100μm

5.2.2　实验方案

1. 试样设计

根据 Holmberg 方法设计出三种不同宽度的微拉伸试样以获得左侧成形极限曲线，分别标号为 1～3 号，根据 Marciniak 平头胀形方法设计三种不同宽度的微胀形试样以获得右侧成形极限曲线，分别标号为 4～6 号，如图 5.4 所示。Holmberg 实验对不同宽度的试样进行单向拉伸实验获得不同加载路径下的极限应变。该实验能够避免摩擦影响，而且实验易操作、精度高、效率高，因此非常适于介观条件成形极限研究。Marciniak 平头胀形法则是通过平头拉伸中央带孔的拉延板，使其带动不同形状的实验试样沿不同的加载路径加载直至破裂。该方法通过设置拉延板避免凸模与试样直接接触，有效避免摩擦力的作用，而且加工制作简单还能提高装配精度。为了使实验获得的成形极限点分布均匀，1～6号试样的应变路径需要专门设计且保证接近线性。1号试样对应于单向拉伸应力状态，即次大主应变与最大主应变之比为-0.5；3号试样对应于接近平面应变状态，即次大主应变与最大主应变之比近似为0；2号试样对应的加载路径在1号与3号试样中间；4号试样对应于接近平面应变状态；6号试样对应于双向拉伸应力状态，即次大主应变与最大主应变之比近似为1；5号试样对应的加载路径在4号与6号试样中间。

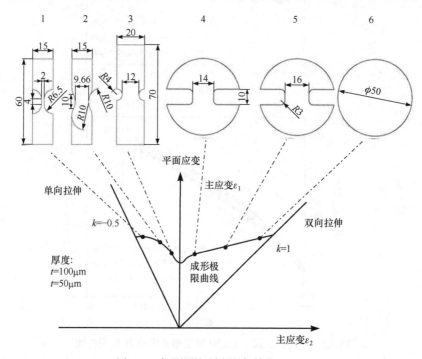

图 5.4　成形极限试样设计(单位：mm)

2. 成形极限实验参数

(1) 凸模移动速度：对于微成形过程，为了保证变形均匀，选取较小的凸模移动速度，本实验为0.01mm/s。

(2) 压边力：采用有限元软件进行成形极限过程模拟，模拟参数中材料本构参数选用单向拉伸所获得的流动应力曲线。由于微胀形实验的成形过程中，试样法兰区材料不发生塑性流动，胀形过程中的压边力必须足够大。首先对不同厚度、不同晶粒尺寸试样进行微胀形有限元模拟，发现试样越薄，越容易起皱，所需压边力越大。当摩擦系数设置为0.3，压边力为5kN时，所有试样都可以实现压边。

(3) 拉延板：实验中采用的拉延板是退火后的0.5mm纯铜板，具有较高的延展性。中心孔直径3mm，通过冲裁工艺加工，保证加工质量，避免缺口以防止开裂，退火温度为 450℃，保温 45min，然后空冷。

3. 成形极限实验平台

成形极限实验平台如图 5.5 所示。为了得到试样在变形过程中准确的应变场，本实验采用数字图像相关(DIC)技术测量应变。DIC 技术需要对试样表面进行随机散斑的喷涂，通过追踪变形过程中具有散斑图案的较小邻域计算出试样表面的应变分布。本实验采用西安交通大学研发的 XJTUDIC 三维数字散斑应变测量系统。该系统配备有采用德国产分辨率为 500 万像素的相机，具有焦距 35mm 的 Schneider Kreuznach Xenoplan 镜头，可进行多尺度测量。微拉伸实验和微胀形实验都在 MTS 万能材料实验机上进行。微胀形实验，即 Marciniak 平头胀形方法的模具采用弹簧压边实现压边力可调控，采用内外双导向系统保证实验精度，冲头直径为 10mm，凹模直径为 14mm。

DIC实验平台

拉伸模

Holmberg实验

聚光灯

凸模

弹簧压边

Marciniak实验

图 5.5 成形极限实验平台

4. 数字图像相关法

成形极限实验基于数字图像相关法对变形过程中薄板的应变进行全场动态测量。成形极限实验分别采用了 Holmberg 方法和 Marciniak 平头胀形方法来获得成形极限图中的极限应变。

数字图像相关法又称数字散斑相关方法，它是由 Peters 等[1]提出的。该方法基于光学追踪定位技术对应变进行测量，依据物体表面随机分布粒子光强概率相关性理论，对比分析物体变形前后的粒子变化来确定物体表面的位移和应变。相比于《金属材料 薄板和薄带 成形极限曲线的测定 第 2 部分：实验室成形极限曲线的测定》GB/T 24171.2—2009 中手动测量并计算应变，该方法效率高、精度高并且能进行全场测量。其工作原理如图 5.6 所示。

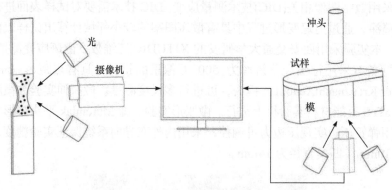

图 5.6　DIC 方法原理图

首先对试样表面喷涂均匀的白漆，等到白漆凝固后，再随机喷涂黑漆形成随机的黑色斑点，保证黑色斑点的随机性和清晰度，能够提高相机在应变测量方面的分辨能力。将成形极限试样安装到成形极限实验平台上，开始进行试样的拉伸和胀形的同时开启摄像机的连续拍摄，直到试样发生断裂，停止拍摄，对相片进行应变分析。得到试样连续变形的图片后，通过软件对变形的散斑区域进行应变分析。分析过程主要分为三部分，区域离散化、建立种子点、数据分析。区域离散化是将变形区域均匀划分为多个待求点阵。待求点阵过小影响分析计算速度，增大数据量；待求点阵过大影响计算精度，降低数据准确性，因此要选取合适的区域离散化参数。建立种子点是将某个不在断裂位置的待求点阵设置为种子点，保证所有应变状态都能被检测到。数据分析即是对离散化区域进行应变计算。具体过程如图 5.7 所示。

对连续拍摄的所有图像都进行连续的应变计算，然后求解极限应变，求解步骤如下：

(1) 在濒临断裂的图片中找到断裂之前的应变集中区域，在区域中选取某一点，输出这一点在整个过程的最大主应变数据并绘制曲线。

(2) 选取该曲线发生突变的时刻，此时刻为薄板发生颈缩的时刻。

(3) 找到颈缩时刻对应的图片，垂直于该图片中的应变集中区域画三条直线，输出该三条线的应变状态，如图 5.8 所示。

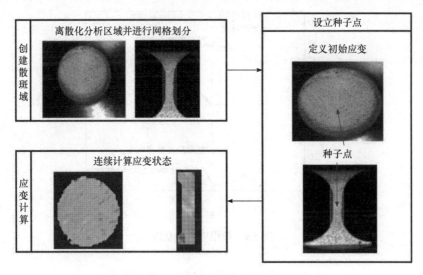

图 5.7　DIC 方法的应变计算步骤

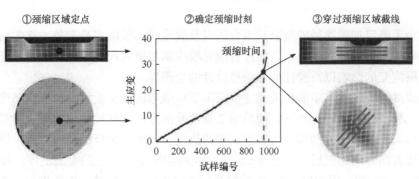

图 5.8　颈缩时刻确定方法

(4) 作出上述数据中最大主应变、次大主应变以及厚度减薄应变与相对距离的关系的曲线，如图 5.9 所示。

(5) 将最大主应变曲线的突出位置通过式 $f(x) = ax^2 + bx + c$ 拟合，该拟合曲线最大值即为颈缩发生时薄板的极限主应变，最大值对应的横坐标即为颈缩发生的位置 x_c。在相应的拟合厚度减薄应变的突出位置，选取 x_c 对应的厚度减薄应变，通过体积不变定律($\varepsilon_1 + \varepsilon_2 + \varepsilon_3 = 0$)可以计算出相应的极限应变。对颈缩区域的三条直线分别进行计算，取最大的极限主应变为该试样的极限应变。

按照以上方法对一个试样进行极限应变的获取，得到该加载路径下的一个极限应变点。为了保证数据的可重复性和准确性，相同制度的试样重复五次实验得到五个成形极限点。不同加载路径下的极限应变点绘制在一张图中即可得到 Cu/Ni 复层箔的成形极限图。

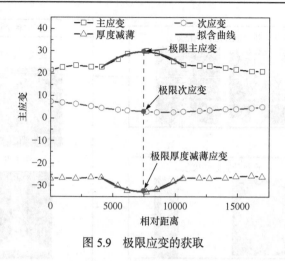

图 5.9 极限应变的获取

5.3 成形极限实验参数优化

为了确定加载路径的选取是否合适以及确定成形极限实验参数，首先利用有限元软件建立成形实验模型，通过有限元模拟初步研究尺度效应对 Cu/Ni 复层箔的极限应变的影响以及验证加载路径设计的合理性。

模具的有限元模型的相关尺寸按照第 2 章成形极限实验的模具等比例建立，有限元模型的建立过程如下：按照第 2 章实验部分的试样尺寸建立微拉伸实验和微胀形实验试样。分别建立微胀形试样的凸模、凹模、拉延板及压边圈；将试样沿厚度方向分割为三层，分别为 Cu 层、界面层和 Ni 层，三层金属的厚度按照表 5.1 所示。Cu 层、界面层和 Ni 层的材料属性分别赋予其密度、弹性模量、泊松比以及塑性，如表 5.2 所示。界面层是一种铜镍固溶体，类似于 Monel400 合金，因此界面层参数选取 Monel400 合金的相关参数；将微拉伸实验和微胀形实验中的模具和试样装配完成；微拉伸实验和微胀形实验均采用显式动力学分析步，分析步时间为 0.01s；在微胀形实验中设定凸模与拉延板上表面、拉延板下表面和试样上表面、试样下表面和凹模以及压边圈和拉延板上表面之间的切向摩擦因子。微拉伸实验：在试样两端设立参考点并与端部耦合，两个参考点分别设定完全固定和位移约束；微胀形实验：凹模设立完全固定，压边圈设定压力为 5kN，凸模设定位移约束。分别给微拉伸试样、微胀形试样以及凸模、凹模和压边圈划分网格，网格类型为 C3D8R 六面体网格。

表 5.2 材料属性参数

材料属性	Cu 层	界面层	Ni 层
密度/(g/cm³)	8.9	8.8	8.9

续表

材料属性	Cu 层	界面层	Ni 层
弹性模量/GPa	108	173	210
泊松比	0.32	0.32	0.31

　　微拉伸实验和微胀形实验的有限元模型如图 5.10 所示。选取 100μm 厚度热处理温度为 600℃、700℃ 和 850℃ 的 Cu/Ni 复层箔的相关参数进行成形极限有限元模拟实验，模拟结果如图 5.11 所示。从图 5.11(a)可以看出，微拉伸试样的应变集中主要分布在标距部分，随着应变的增大逐渐增大。从图 5.11(b)可以看出，薄板的应变集中主要分布在底部平面部分，这符合 Marciniak 平头胀形方法的实验预期，颈缩发生在底部平面，这样能够被摄像机捕捉到。实验证明，5kN 的压边力能够满足微胀形实验条件。

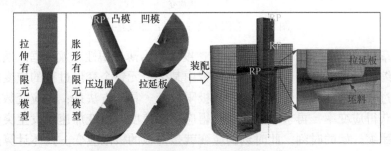

图 5.10　微拉伸实验和微胀形实验有限元模型

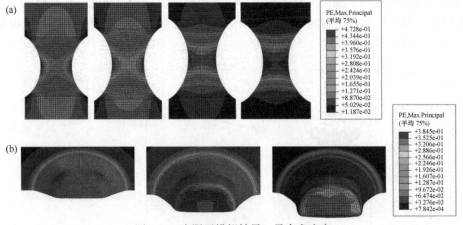

图 5.11　有限元模拟结果：最大主应变

(a) 微拉伸试样；(b) 微胀形实验

　　选取局部应变集中区域的一个单元，输出其整个历程的应变状态，绘制不同加载路径，如图 5.12 所示。不同形状的试样的应变路径基本上都是线性等比例加载，符合实验预期，这证明成形极限试样的设计是合理的。

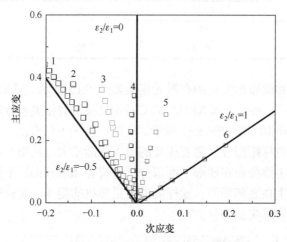

图 5.12　有限元模拟结果：加载路径

本章选用 Situ 等[2]提出的应变加速度法作为薄板塑性失效判据。通过选取局部颈缩位置的单元带，输出该单元带中某个单元整个变形过程的应变历程，然后通过数据处理获得颈缩开始时的极限应变。具体方法是：对应变数据求一阶导数获得应变率，再求二阶导数获得应变加速度。应变加速度发生突变的时刻就是颈缩开始的时刻，此时刻的应变就是薄板的极限应变。具体计算过程如图 5.13 所示，最终结果如图 5.14 所示。从图 5.14 看出，尺度效应对 Cu/Ni 复层箔的影响比较显著。晶粒尺寸的增大导致各层金属流动应力降低，其变形抗力也就降低。因此，薄板更容易产生局部剧烈变形而导致集中性失稳，最终导致极限应变的下降。

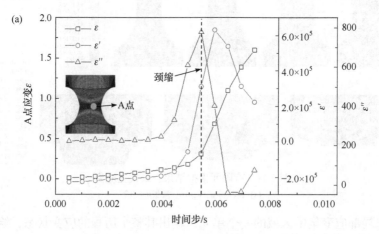

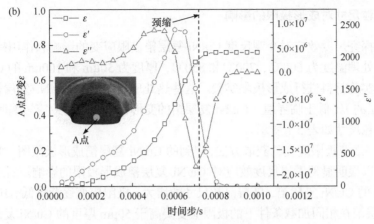

图 5.13　有限元模拟结果：颈缩点的确定

(a) 微拉伸实验；(b) 微胀形实验

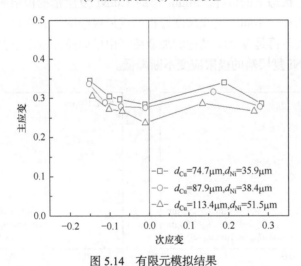

图 5.14　有限元模拟结果

5.4　Cu/Ni 复层箔介观尺度成形极限图

　　成形极限反映了板材通过不同的应变路径进行塑性变形在材料颈缩失稳前能达到的最大应变。工程中关于成形极限使用最多最广泛的是成形极限图。成形极限图是由不同应变路径下材料在极限塑性变形下的最大主应变 ε_1 和次大主应变 ε_2 组成的条带形区域或者曲线，反映了板材从单向拉伸到双拉应力作用下的极限应变，为定量地研究描述板材局部成形性能奠定基础。对于介观尺度薄板，尺度效应对薄板的变形和断裂失效行为影响显著。

5.4.1 晶粒尺寸对成形极限的影响

为了探究尺度效应对介观尺度 Cu/Ni 复层箔极限应变的影响和作用机理，实验选取热处理温度为 600℃、700℃ 和 850℃，厚度为 50μm 和 100μm 的 Cu/Ni 复层箔作为实验材料进行成形极限实验。这些热处理制度下的 Cu/Ni 复层箔的 Cu 层和 Ni 层的 t/d 低于临界值，Cu/Ni 复层箔的变形行为受尺度效应影响明显。其相关的晶粒尺寸如表 5.1 所示。

根据 5.2 节极限应变的获取方法，得到的 Cu/Ni 复层箔成形极限图，如图 5.15 所示，可以很明显地看出尺度效应对 Cu/Ni 复层箔成形极限的影响。对于 50μm 和 100μm 的 Cu/Ni 复层箔，随着晶粒尺寸的增大，极限应变逐渐降低。100μm 的 Cu/Ni 复层箔在相同加载条件下的极限应变要高于 50μm 厚度的 Cu/Ni 复层箔；而且随着晶粒尺寸的增大，成形极限图右侧数据的离散程度要明显增大，尤其对于趋近于双拉应力状态下的试样。50μm 厚的 Cu/Ni 复层箔的极限应变的离散程度要更加明显。此外，不同于宏观尺度厚板的成形极限图，介观尺度 Cu/Ni 复层箔的成形极限曲线不再是 V 形。试样的加载路径由单向拉伸状态过渡到双向拉伸状态过程中，Cu/Ni 复层箔的极限应变不断降低。

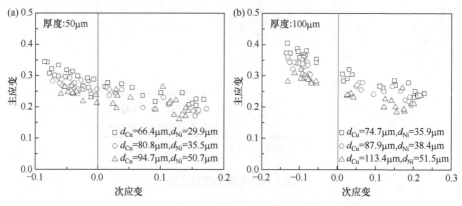

图 5.15　不同晶粒尺寸的 Cu/Ni 复层箔成形极限图
(a) 50μm；(b) 100μm

为了更直观地表现出尺度效应对极限应变的影响，将上述成形极限图中的成形极限点数据进行统计并做成带误差棒的柱状图，如图 5.16 所示。对于 50μm 的 Cu/Ni 复层箔，当 Cu 层的晶粒尺寸由 66.4μm 增大到 94.7μm，且 Ni 层晶粒尺寸由 29.9μm 增大到 50.7μm 时，单向拉伸状态的 1 号试样平均极限主应变由 0.321 下降到 0.261，下降比例约为 18.7%；类似于平面应变状态下的 4 号试样平均极限主应变由 0.268 下降到 0.225，下降比例为 16.0%；接近于双向拉伸状态的 6 号试样平均极限主应变由 0.215 下降到 0.177，下降比例为 17.6%。总体来说，50μm

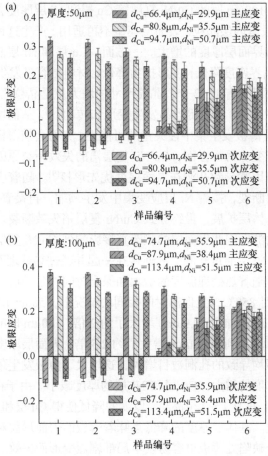

图 5.16　不同晶粒尺寸的 Cu/Ni 复层箔的平均极限应变

(a) 50μm；(b) 100μm

厚的 Cu/Ni 复层箔的 Cu 层的晶粒尺寸由 66.4μm 增大到 94.7μm，且 Ni 层晶粒尺寸由 29.9μm 增大到 50.7μm 后，极限主应变下降比例在 16%～19%。

对于 100μm 的 Cu/Ni 复层箔，当 Cu 层的晶粒尺寸由 74.7μm 增大到 113.4μm，且 Ni 层晶粒尺寸由 35.9μm 增大到 51.5μm 时，单向拉伸状态的 1 号试样平均极限主应变由 0.376 下降到 0.305，下降比例约为 18.8%；类似于平面应变状态下的 4 号试样平均极限主应变由 0.301 下降到 0.237，下降比例为 21.2%；接近于双向拉伸状态的 6 号试样平均极限主应变由 0.240 下降到 0.197，下降比例为 18.0%。总体来说，100μm 厚的 Cu/Ni 复层箔的 Cu 层的晶粒尺寸由 74.7μm 增大到 113.4μm，且 Ni 层晶粒尺寸由 35.9μm 增大到 51.5μm 后，极限主应变下降比例在 18%～21%。可以看出，介观尺度下尺度效应的存在使得 Cu/Ni 复层箔极限应变明显降低。

由于 50μm 和 100μm 厚的 Cu/Ni 复层箔 Cu 层和 Ni 层厚度方向的晶粒数目只有 1～2 个，几乎没有内层晶粒，表面层模型不再适用。产生这种现象的原因在于晶粒尺寸的增大和界面层厚度的增大。一方面，Cu 层和 Ni 层晶粒尺寸的增大使得 Cu 层和 Ni 层晶界密度降低，变形抗力降低，材料更容易发生变形[3,4]；而且由于厚度方向晶粒数目只有 1～2 个，晶粒尺寸的增大使得晶粒几乎都处于表面层。晶粒间的约束减少，单个晶粒更容易发生变形和转动[5,6]，从而增大薄板的表面粗糙度[7,8]，这会增大薄板发生集中性失稳的可能性，失稳会使薄板提前发生断裂失效，降低其极限应变。另一方面，Cu/Ni 复层箔的失效断裂原因是界面层出现杂质或者扩散不均等因素导致孔洞在界面层处优先形核[9]。随着应变的增加，孔洞被拉长导致界面层断裂，接着 Ni 层应变集中发生颈缩，再接着 Cu 层发生颈缩，裂纹从界面层向基体层扩展，最终导致 Cu/Ni 复层箔失效断裂。孔洞的萌生和发展是从界面层开始的，因此界面层的状态直接影响到 Cu/Ni 复层箔的成形极限。界面层是 Cu 层和 Ni 层通过轧制工艺连接在一起并经过热处理而形成的 Cu/Ni 固溶体。界面层厚度随着热处理温度的增大和保温时间的延长而增加。当热处理温度由 600℃ 增加到 850℃，且保温时间相同的情况下，50μm 厚的 Cu/Ni 复层箔界面层厚度由 3.5μm 增加到 10.9μm，增大了约 2 倍；100μm 厚的 Cu/Ni 复层箔界面层厚度由 4.7μm 增加到 16.7μm，增大了约 2.5 倍。界面层厚度的增大使得界面层内部由于扩散不均导致的孔洞数目增大，这增大了薄板发生颈缩断裂的风险。同时随着界面层厚度的增大，Cu 层和 Ni 层的厚度减小。由于在热处理后 Cu 层和 Ni 层厚度方向上只有 1～2 个晶粒，厚度的降低使得 Cu 层和 Ni 层更容易发生颈缩导致薄板失效。基体层厚度的降低意味着薄板的表面形貌对变形行为的影响愈发显著，在某个缺陷处薄板更容易发生局部剧烈变形而失效。

此外，从图 5.16 中可以看出实验数据的重复性随着晶粒尺寸的增大而降低，相比于晶粒尺寸小的试样，大晶粒尺寸的试样的数据点的离散程度更大。对于 50μm 厚的 Cu/Ni 复层箔，当 Cu 层的晶粒尺寸由 66.4μm 增大到 94.7μm，且 Ni 层晶粒尺寸由 29.9μm 增大到 50.7μm 时，处于单向拉伸状态的 1 号试样极限最大主应变的标准差由 0.013(3.6%)增大到 0.022(7.5%)；处于平面应变状态的 4 号试样极限最大主应变的标准差由 0.008(2.7%)增大到 0.028(11.9%)；处于双向拉伸状态的 6 号试样极限最大主应变的标准差由 0.011(3.8%)增大到 0.029(11.7%)。对于 100μm 厚的 Cu/Ni 复层箔，当 Cu 层的晶粒尺寸由 74.7μm 增大到 113.4μm，且 Ni 层晶粒尺寸由 35.9μm 增大到 51.5μm 时，处于单向拉伸状态的 1 号试样极限最大主应变的标准差由 0.011(2.7%)增大到 0.022(7%)；处于平面应变状态的 4 号试样极限最大主应变的标准差由 0.010(3.5%)增大到 0.025(10.3%)；处于双向拉伸状态的 6 号试样极限最大主应变的标准差由 0.008(2.8%)增大到 0.032(12.1%)。随着晶粒尺寸的增大，试样的极限主应变的重复性降低，微成形过程的控制和设计难度增大。

由于薄板厚度方向只有 1～2 个晶粒，单个晶粒的尺寸、形状、取向等性质对薄板极限应变的影响非常明显。由于单个晶粒取向和性质的随机性，薄板的极限应变也表现出大的离散性[10]。另外由于界面层厚度增大的同时降低了基体层厚度，Cu 层和 Ni 层的表面形貌对于 Cu/Ni 复层箔变形行为的影响愈发明显[3]。由于表面形貌的不确定性，薄板的极限应变也表现出明显的分散性。

5.4.2　放置方式对成形极限的影响

对于复层板材的研究表明，由于两层金属的材料属性不同，复层箔的放置方式影响其成形性[11]。本节通过微胀形实验探究放置方式对成形极限图右侧加载路径下的极限应变的影响，如图 5.17 所示。从图 5.17(a)可以看出，对于相同晶粒尺寸的试样，采用 Cu-Ni 的放置方式获得的极限应变要高于采用 Ni-Cu 放置方式获得的极限应变。将图 5.17(a)中的数据统计计算出其均值和标准差绘制在图 5.17(b)中。

对于 Cu 和 Ni 晶粒尺寸分别为 74.7μm 和 35.9μm 的试样，接近于平面应变状态的 4 号试样，采用 Ni-Cu 的放置方式获得的极限平均主应变为 0.300，相同实验条件下采用 Cu-Ni 的层叠顺序获得的极限平均主应变为 0.329，增长比例为 9.7%；对于 Cu 和 Ni 晶粒尺寸分别为 113.4μm 和 51.5μm 的试样，接近于平面应变状态的 4 号试样，采用 Ni-Cu 的放置方式获得的极限平均主应变为 0.237，采用 Cu-Ni 的放置方式获得的极限平均主应变为 0.266，增长比例为 12.2%。对于 Cu 和 Ni 晶粒尺寸分别为 74.7μm 和 35.9μm 的试样，接近于平面应变状态的 6 号试样，采用 Ni-Cu 的放置方式获得的极限平均主应变为 0.239，相同实验条件下采用 Cu-Ni

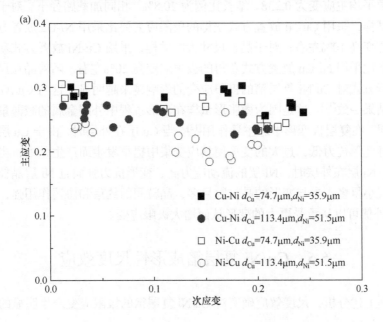

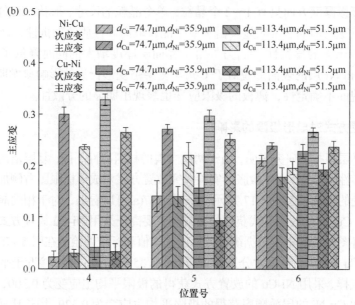

图 5.17　不同放置方式的极限应变

(a) 成形极限图右侧；(b) 平均极限应变

的放置方式获得的极限平均主应变为 0.267，增长比例为 11.7%；对于 Cu 和 Ni 晶粒尺寸分别为 113.4μm 和 51.5μm 的试样，接近于平面应变状态的 6 号试样，采用 Ni-Cu 的放置方式获得的极限平均主应变为 0.197,采用 Cu-Ni 的放置方式获得的极限平均主应变为 0.238，增长比例为 20.8%。相同加载路径下，对于晶粒尺寸小的试样，采用 Cu-Ni 放置方式获得的极限应变要比采用 Ni-Cu 放置方式获得的极限应变高 10%左右；对于晶粒尺寸大的试样，采用 Cu-Ni 放置方式获得的极限应变要比采用 Ni-Cu 放置方式获得的极限应变高 20%左右。随着晶粒尺寸的增大，放置方式对 Cu/Ni 复层箔的极限应变的影响越来越明显，这与 Cu/Al 复层箔的实验结果一致[11]。这是因为微胀形试样在变形过程中外层金属的减薄量要大于内层金属，在复层板变形中起主导作用[12]。当 Cu 层在外层时，由于 Cu 层晶粒尺寸大而且变形抗力低，过大的变形使其应变集中提早发生而产生颈缩；当 Cu 层在内层、Ni 层在外层时，Ni 层的流动应力高、变形抗力强而且 Ni 层晶粒尺寸要比 Cu 层小得多，参与变形的晶粒数目多，晶粒间的约束和协调作用强，这使得 Ni 层在外侧可以从承受更大的变形从而增大极限应变。

5.5　Cu/Ni 复层箔成形性尺度效应

根据上述分析，尺度效应确实对 Cu/Ni 复层箔的极限应变产生明显的影响。

除此之外，Cu/Ni 复层箔的变形过程中也表现出受尺度效应的影响。通过分析尺度效应对变形过程的影响有助于深入理解尺度效应对 Cu/Ni 复层箔成形极限的作用规律。

5.5.1　应变路径

应变路径表现了试样的变形状态，DIC 方法可以测得试样整个表面的各个时刻的应变状态，将颈缩区域内某个点在任意时刻的应变状态记录下来就是这个区域的变形过程的应变路径。图 5.18 显示了厚度为 100μm、Cu 层晶粒尺寸为 74.7μm、Ni 层晶粒尺寸为 35.9μm 的 Cu-Ni 复层箔实验中试样的应变路径。不同应变路径的试样，其应变路径的加载方式基本上是线性加载的。当靠近极限应变值时，应变路径向平面应变路径偏移。因此可以用极限应变比 $\varepsilon_2/\varepsilon_1$ 来表示变形过程的应变路径。其中，$\varepsilon_2/\varepsilon_1=-0.5$ 表示试样为单向拉伸状态，$\varepsilon_2/\varepsilon_1=0$ 表示平面应变状态，$\varepsilon_2/\varepsilon_1=1$ 表示双向拉伸状态。可以看出，实验中的应变路径并不是按照事先设计的应变路径进行的，由于试样与模具之间摩擦力的不同或者试样自身表面形貌的差异，应变路径会有一定的偏差。

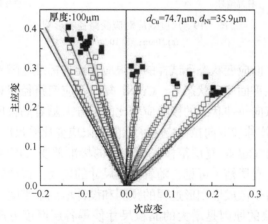

图 5.18　成形实验中的加载路径

图 5.19 显示了尺度效应对不同试样应变路径的影响。可以看出，晶粒尺寸的增大并不会对应变路径产生很大的影响，$|\varepsilon_2/\varepsilon_1|$ 的平均值波动较小。这说明尺度效应对 Cu/Ni 复层箔应变路径的影响较小。然而应变路径的重复性降低，这与极限应变的重复性降低有关。对于 50μm 厚的 Cu/Ni 复层箔，当 Cu 层的晶粒尺寸由 66.4 增大到 94.7μm，且 Ni 层晶粒尺寸由 29.9μm 增大到 50.7μm 时，处于单向拉伸状态的 1 号试样极限应变比 $|\varepsilon_2/\varepsilon_1|$ 的标准差由 0.012（5.17%）增大到 0.037（19.1%）；处于平面应变状态的 4 号试样极限应变比 $|\varepsilon_2/\varepsilon_1|$ 的标准差由 0.042（41.5%）增大到 0.076（50.7%）；处于双向拉伸状态的 6 号试样极限应变比 $|\varepsilon_2/\varepsilon_1|$ 的标

准差由 0.034(4.15%)增大到 0.059(7.23%)。对于 100μm 厚的 Cu/Ni 复层箔，当 Cu 层的晶粒尺寸由 74.7μm 增大到 113.4μm，且 Ni 层晶粒尺寸由 35.9μm 增大到 51.5μm，处于单向拉伸状态的 1 号试样极限应变比$|\varepsilon_2/\varepsilon_1|$的标准差由 0.032(11.8%) 增大到 0.037(12.2%)；处于平面应变状态的 4 号试样极限应变比$|\varepsilon_2/\varepsilon_1|$的标准差由 0.024(31.2%)增大到 0.032(25.2%)；处于双向拉伸状态的 6 号试样极限应变比$|\varepsilon_2/\varepsilon_1|$ 的标准差由 0.043(4.88%)增大到 0.066(7.27%)。

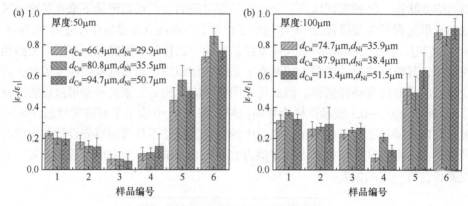

图 5.19　尺度效应对应变路径的影响

(a) 50μm；(b) 100μm

可以看出，平面应变状态下试样的极限应变比的标准差随着晶粒尺寸的增大波动较小，说明在平面应变状态下，Cu/Ni 复层箔应变路径相对稳定。而趋近于单向拉伸状态和双向拉伸状态的极限应变比的标准差随着晶粒尺寸的增大而显著增加，说明在单向拉伸和双向拉伸应力状态的极限应变比受尺度效应的影响明显。此外，50μm 厚的 Cu/Ni 复层箔极限应变比的标准差受尺度效应的影响要高于 100μm 厚的 Cu/Ni 复层箔。可见，随着晶粒尺寸的增大，试样应变路径的不确定性成倍增大，这对于微成形变形过程的预测和设计增加了难度。

产生这种现象的原因是增大的晶粒尺寸使得各层厚度方向只有一个晶粒，薄板的变形行为受单个晶粒的取向和变形影响明显[6]。薄板在变形过程中的应变容易集中到某个晶粒内部，这个晶粒的应变状态决定了薄板的变形行为，降低了变形的均匀性，从而更容易导致应变集中。晶粒尺寸的增大使得薄板组织不均匀程度增大，尤其对于厚度方向只有一个晶粒的 Cu 层和 Ni 层，组织不均而且整体变形抗力降低，其变形协调性变差导致薄板沿不同方向的变形能力出现明显差异，从而使得应变路径发生偏移。当晶粒尺寸很大时，相同热处理制度的不同试样的微观组织差异性明显，这增大了不同试样应变路径的不确定性。

5.5.2　不同加载路径下的变形行为

在连续计算试样在成形极限实验中的整体应变场时，发现尺度效应对 Cu/Ni 复层箔的变形过程中的应变分布也有影响。图 5.20 显示了实验过程中试样的应变分布。当晶粒尺寸较小时，薄板的应变分布比较均匀，没有出现局部的应变集中，局部颈缩区域较大，直到发生颈缩断裂。当晶粒尺寸增大后，局部的应变集中在刚开始就出现，应变分布不均匀性增大，应变集中在某个小区域内，进而提前发生颈缩断裂。

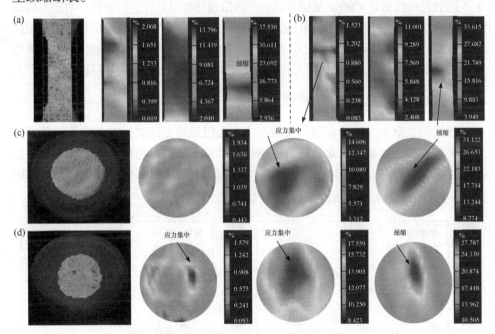

图 5.20　成形极限实验中的变形行为

(a) (c) 厚度 100μm，Cu 层晶粒尺寸 74.7μm，Ni 层晶粒尺寸 35.9μm；

(b) (d) 厚度 100μm，Cu 层晶粒尺寸 113.4μm，Ni 层晶粒尺寸 51.5μm

晶粒尺寸小的试样参与变形的晶粒数目多，晶粒之间相互制约且能够相互协调，变形分布在多个晶粒中，应变集中也有多个晶粒参与，变形较均匀。随着晶粒尺寸的增大，各层金属的晶粒数目减少，变形发生在几个晶粒内部，单个晶粒属性和取向对于变形的作用显著提高，不同晶粒内应变分布不均，局部变形集中在几个晶粒内，变形协调性低，易发生局部颈缩断裂[6]。

5.6　Cu/Ni 复层箔介观尺度成形极限建模

成形极限是衡量板材冲压成形性能的关键指标之一，是工程上指导板材冲压成形工艺重要的工艺参数。成形极限图是最直观和应用最广泛的描述板材成形极限的方法。但是，获得某种材料的成形极限图实验量大、耗时长而且成本高。因此，对于薄板成形极限理论的研究一直是学者研究的重点。目前已经针对薄板的成形极限理论研究已经开展，但是由于复层箔复杂的变形过程和不确定的断裂机理，对于复层箔的成形极限预测的研究还相对较少，其相关的理论模型也未发展成熟。因此，开展对复层箔介观尺度成形极限建模的研究是非常有必要的。

本节基于宏观模型建立复层箔介观尺度成形极限预测模型并分析预测结果。基于不同的宏观模型对 Cu/Ni 复层箔的成形极限预测的可行性进行分析，对比不同理论模型的预测结果并与实验结果比较，确定能够描述 Cu/Ni 复层箔成形极限的最优理论模型。基于最优理论模型，引入受尺度效应影响的表面粗糙度演化行为，构建复层箔厚度演化方程，建立考虑尺度效应的 Cu/Ni 复层箔的成形极限理论预测模型。

5.6.1　宏观尺度成形极限预测模型

根据第 2 章单向拉伸实验，选取与成形极限试样相同热处理条件下的单向拉伸试样数据并通过最小二乘法进行数据拟合，得到不同晶粒尺寸的 Cu/Ni 复层箔的加工硬化指数 n 值。相关的真实应力-应变曲线如图 5.21 所示，拟合方程采用式 $\bar{\sigma}=K\bar{\varepsilon}^{n}$。最后拟合得出的相关参数如表 5.3 所示。

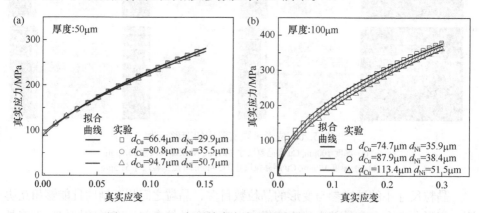

图 5.21　Cu/Ni 复层箔真实应力-应变曲线及数据拟合

(a) 50μm；(b) 100μm

表 5.3　Cu/Ni 复层箔真实应力-应变曲线拟合结果

板厚/μm	d_{Cu}/μm	Δd_{Cu}/μm	d_{Ni}/μm	Δd_{Ni}/μm	K	n
	66.4	4.3	29.9	2.5	564.42	0.39
50	80.8	4.2	35.5	3.9	562.64	0.38
	94.7	5.3	50.7	2.9	529.92	0.36

续表

板厚/μm	d_{Cu}/μm	Δd_{Cu}/μm	d_{Ni}/μm	Δd_{Ni}/μm	K	n
	74.7	4.5	35.9	2.0	677.10	0.49
100	87.9	5.2	38.4	3.0	698.58	0.53
	113.4	11.6	51.5	4.6	699.45	0.55

1. Considère 失稳准则

在 Swift 分散性失稳准则提出之前，Considère 发现板材在受到极限载荷的时候就发生失稳[13]（即 $dF_1=0$），而且颈缩总是垂直于主应变方向[14]。根据力平衡准则可以得到

$$F_1 = \sigma_1 A_1 = \sigma_1 l_2 t \tag{5-1}$$

式中，σ_1 是薄板最大主应力方向的主应力；A_1 是薄板的横截面积；l_2 是薄板宽度；t 是薄板厚度。

则分散性失稳开始的条件为

$$\frac{d\sigma_1}{\sigma_1} = -\left(d\varepsilon_2 + \frac{dt}{t}\right) \tag{5-2}$$

在颈缩过程前，假设材料均匀变形，其应变状态是不变的，则令 $\alpha = \dfrac{\sigma_2}{\sigma_1} = \dfrac{d\sigma_2}{d\sigma_1}$，假设 $\sigma_3=0$，材料服从 Mises 屈服准则，则有

$$\bar{\sigma} = \frac{1}{\sqrt{2}}\left[(\sigma_1-\sigma_2)^2 + (\sigma_2-\sigma_3)^2 + (\sigma_3-\sigma_1)^2\right]^{\frac{1}{2}} = \sigma_1\left(1-\alpha+\alpha^2\right)^{\frac{1}{2}} \tag{5-3}$$

令 $\phi = \left(1-\alpha+\alpha^2\right)^{\frac{1}{2}}$，得 $\bar{\sigma} = \phi\sigma_1$。

对式(5-3)两边进行微分得

$$d\bar{\sigma} = \frac{2\sigma_1-\sigma_2}{2\bar{\sigma}}d\sigma_1 + \frac{2\sigma_2-\sigma_1}{2\bar{\sigma}}d\sigma_2 \tag{5-4}$$

假设材料的本构关系遵从幂指数方程：

$$\bar{\sigma} = K\bar{\varepsilon}^n \tag{5-5}$$

对式(5-5)两边取微分得

$$\frac{d\bar{\sigma}}{d\bar{\varepsilon}} = Kn\bar{\varepsilon}^{n-1} \tag{5-6}$$

联立式(5-5)和式(5-6)可得

$$\frac{\mathrm{d}\bar{\sigma}}{\mathrm{d}\bar{\varepsilon}} = \frac{n}{\varepsilon}\bar{\sigma} \tag{5-7}$$

通过转换可以得到

$$\frac{\mathrm{d}\bar{\sigma}}{\bar{\sigma}} = \frac{n}{\varepsilon}\mathrm{d}\bar{\varepsilon} \tag{5-8}$$

结合以上公式可得

$$\phi\frac{n}{\varepsilon}\mathrm{d}\bar{\varepsilon} = \left(\frac{2-\alpha}{2\phi} + \frac{2\alpha-1}{2\phi}\alpha\right)\left(-\mathrm{d}\varepsilon_2 - \frac{\mathrm{d}t}{t}\right) \tag{5-9}$$

其中$\frac{\mathrm{d}t}{t}$在宏观条件下等于$\mathrm{d}\varepsilon_3$，根据 Levy-Mises 增量理论

$$\frac{\mathrm{d}\varepsilon_1}{2\sigma_1 - \sigma_2 - \sigma_3} = \frac{\mathrm{d}\varepsilon_2}{2\sigma_2 - \sigma_1 - \sigma_3} = \frac{\mathrm{d}\varepsilon_3}{2\sigma_3 - \sigma_1 - \sigma_2} = \frac{\mathrm{d}\bar{\varepsilon}}{2\bar{\sigma}} \tag{5-10}$$

式(5-9)可以进行转化，则当颈缩开始时式(5-9)得到满足

$$\phi\frac{n}{\varepsilon} = \left(\frac{2-\alpha}{2\phi} + \frac{2\alpha-1}{2\phi}\alpha\right)\left(-\frac{2\alpha-1}{2\phi} + \frac{1+\alpha}{2\phi}\right) \tag{5-11}$$

则根据式(5-11)，颈缩时的极限应变为

$$\begin{cases} \varepsilon_1 = \dfrac{2-\alpha}{2\left(1-\alpha+\alpha^2\right)^{\frac{1}{2}}}\bar{\varepsilon} = n \\ \varepsilon_2 = \dfrac{2\alpha-1}{2-\alpha}n \end{cases} \tag{5-12}$$

根据 Considère 失稳准则，薄板的极限应变只与材料的加工硬化系数 n 值和加载路径(应力状态)有关。

根据式(5-12)，将表 5.3 中的数据代入可以得出基于 Swift 分散性/Hill 集中性失稳准则预测的 Cu/Ni 复层箔的成形极限，如图 5.22 所示。

可以看出，基于 Considère 失稳准则的预测结果明显高于实验曲线。这表明复层箔的局部剧烈变形导致失稳提前发生，这与薄板厚度变化的计算方法以及加工硬化指数 n 值的确定方法有关。Chen 等[15]的研究表明，薄板的厚度越薄，其成形行为受到表面粗糙度的影响越大。薄板不是一个均匀的连续体，其表面缺陷随着应变的增大而增大。也就是说，随着应变的积累，薄板表面粗糙度逐渐增大，薄板的厚度变化不再是均匀减薄。薄板实际的厚度变化不遵从均匀连续体变形假设，导致失稳提前发生。此外，基于 Considère 失稳准则的预测结果是一条直线，

表示不同加载条件下薄板的极限应变值是相同的。然而实际实验中，在不同加载条件下的极限应变值有较大差异。

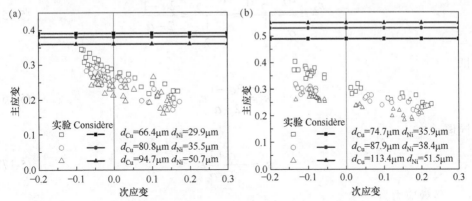

图 5.22　Considère 失稳准则对 Cu/Ni 复层箔的预测

(a) 50μm；(b) 100μm

2. Swift 分散性失稳准则/Hill 集中性失稳准则

板材塑性变形过程中发生的断裂失稳分为两类，一类是分散性失稳，另一类是集中性失稳。针对这两种失稳情况，Swift 和 Hill 分别提出了 Swift 分散性失稳准则和 Hill 集中性失稳准则，这成为预测板材成形极限最经典的失稳理论。Swift 分散性失稳准则和 Hill 集中性失稳准则都是基于连续体理论假设，从材料加工硬化的角度预测应变集中的发展。

基于 Considère 的研究，Swift 提出了 Swift 分散性失稳判据[16]。Swift 提出的分散性失稳理论认为：板材两个方向所受拉力都达到极限值时，板材发生拉伸失稳。Swift 分散性失稳的条件为

$$\frac{\mathrm{d}\sigma_1}{\sigma_1} = \mathrm{d}\varepsilon_1 \text{ 或 } \frac{\mathrm{d}\sigma_1}{\mathrm{d}\varepsilon_1} = \sigma_1 \tag{5-13}$$

设板材在冲压变形中，板平面内两个方向的主应力分别为 σ_1 和 σ_2，板厚方向主应力 $\sigma_3 = 0$，用 $\alpha = \dfrac{\sigma_2}{\sigma_1}$ 表示不同的应力状态。根据 Levy-Mises 增量理论，平面应力下的应力-应变本构关系可表示为

$$\begin{cases} \varepsilon_1 = \dfrac{\overline{\varepsilon}}{\overline{\sigma}}\left(\sigma_1 - \dfrac{1}{2}\sigma_2\right) \\[2mm] \varepsilon_2 = \dfrac{\overline{\varepsilon}}{\overline{\sigma}}\left(\sigma_2 - \dfrac{1}{2}\sigma_1\right) \\[2mm] \varepsilon_3 = -\dfrac{1}{2}\dfrac{\overline{\varepsilon}}{\overline{\sigma}}(\sigma_1 + \sigma_2) \end{cases} \tag{5-14}$$

用第二式除以第一式可得

$$\frac{\varepsilon_2}{\varepsilon_1} = \frac{\sigma_2 - \dfrac{1}{2}\sigma_1}{\sigma_1 - \dfrac{1}{2}\sigma_2} = \frac{\alpha - \dfrac{1}{2}}{1 - \dfrac{1}{2}\alpha} = \frac{2\alpha - 1}{2 - \alpha} \tag{5-15}$$

即

$$\varepsilon_2 = \frac{2\alpha - 1}{2 - \alpha}\varepsilon_1 \tag{5-16}$$

同理

$$\varepsilon_3 = -\frac{\alpha + 1}{2 - \alpha}\varepsilon_1 \tag{5-17}$$

等效应力为

$$\bar{\sigma} = \frac{1}{\sqrt{2}}\left[(\sigma_1 - \sigma_2)^2 + (\sigma_2 - \sigma_3)^2 + (\sigma_3 - \sigma_1)^2\right]^{\frac{1}{2}} = \sigma_1\left(1 - \alpha + \alpha^2\right)^{\frac{1}{2}} \tag{5-18}$$

考虑到塑性变形中体积不变条件，等效塑性应变可以写为

$$\bar{\varepsilon} = \frac{\sqrt{2}}{3}\left[(\varepsilon_1 - \varepsilon_2)^2 + (\varepsilon_2 - \varepsilon_3)^2 + (\varepsilon_3 - \varepsilon_1)^2\right]^{\frac{1}{2}} = \frac{2\left(1 - \alpha + \alpha^2\right)^{\frac{1}{2}}}{2 - \alpha}\varepsilon_1 \tag{5-19}$$

$$\begin{cases} \bar{\varepsilon} = \dfrac{2\left(1 - \alpha + \alpha^2\right)^{\frac{1}{2}}}{2 - \alpha}\varepsilon_1 \\[4mm] \bar{\varepsilon} = \dfrac{-2\left(1 - \alpha + \alpha^2\right)^{\frac{1}{2}}}{1 - 2\alpha}\varepsilon_2 \\[4mm] \bar{\varepsilon} = \dfrac{-2\left(1 - \alpha + \alpha^2\right)^{\frac{1}{2}}}{1 + \alpha}\varepsilon_3 \end{cases} \tag{5-20}$$

对等效应力微分：

$$\mathrm{d}\bar{\sigma} = \frac{-1 + 2\alpha}{2\left(1 - \alpha + \alpha^2\right)^{\frac{1}{2}}}\mathrm{d}\sigma_1 - \frac{1 - 2\alpha}{2\left(1 - \alpha + \alpha^2\right)^{\frac{1}{2}}}\mathrm{d}\sigma_2 \tag{5-21}$$

对等效应变微分，应变只与当前的应力状态有关：

$$\begin{cases} d\bar{\varepsilon} = \dfrac{2\left(1-\alpha+\alpha^2\right)^{\frac{1}{2}}}{2-\alpha} d\varepsilon_1 \\[3mm] d\bar{\varepsilon} = \dfrac{2\left(1-\alpha+\alpha^2\right)^{\frac{1}{2}}}{1-2\alpha} d\varepsilon_2 \\[3mm] d\bar{\varepsilon} = \dfrac{2\left(1-\alpha+\alpha^2\right)^{\frac{1}{2}}}{1+\alpha} d\varepsilon_3 \end{cases} \tag{5-22}$$

因此，可以得到

$$\frac{d\bar{\sigma}}{d\bar{\varepsilon}} = \frac{(2-\alpha)^2}{4\left(1-\alpha+\alpha^2\right)}\frac{d\sigma_1}{d\varepsilon_1} + \frac{(1-2\alpha)^2}{4\left(1-\alpha+\alpha^2\right)}\frac{d\sigma_2}{d\varepsilon_2} \tag{5-23}$$

由式(5-13)可知失稳时满足

$$\begin{cases} \dfrac{d\sigma_1}{d\varepsilon_1} = \sigma_1 \\[3mm] \dfrac{d\sigma_2}{d\varepsilon_2} = \sigma_2 \end{cases} \tag{5-24}$$

所以式(5-23)可以写为

$$\frac{d\bar{\sigma}}{d\bar{\varepsilon}} = \frac{(1+\alpha)\left(4-7\alpha+4\alpha^2\right)}{4\left(1-\alpha+\alpha^2\right)^{\frac{3}{2}}}\bar{\sigma} \tag{5-25}$$

联立式(5-8)和式(5-25)，得到分散性失稳发生时的等效应变为

$$\bar{\varepsilon} = \frac{4\left(1-\alpha-\alpha^2\right)^{\frac{3}{2}}}{(1+\alpha)\left(4-7\alpha+4\alpha^2\right)}n \tag{5-26}$$

因此此时的极限应变为

$$\begin{cases} \varepsilon_1 = \dfrac{2(2-\alpha)\left(1-\alpha+\alpha^2\right)}{(1+\alpha)\left(4-7\alpha+4\alpha^2\right)}n \\[4mm] \varepsilon_2 = \dfrac{2(2\alpha-1)\left(1-\alpha+\alpha^2\right)}{(1+\alpha)\left(4-7\alpha+4\alpha^2\right)}n \end{cases} \tag{5-27}$$

由式(5-27)可见，Swift 分散性失稳准则认为薄板成形极限只与板材的硬化指

数和加载路径有关。在单轴拉伸状态($\alpha=0$)、平面应变状态($\alpha=0.5$)、双向受拉状态($\alpha=1$)三种不同的加载条件下，都可以计算出$\varepsilon_1=n_h$（n_h表示加工硬化率）。这说明材料的加工硬化指数可以反映出材料的成形能力的强弱，加工硬化指数越大的材料其成形性能越好。

在分散性失稳阶段，板料发生明显的变形而且变形区域可以发生转移，因此有学者认为这并不是板材最终断裂的标志。在分散性失稳之后，板材还能经历一部分变形，当局部变形不能发生转移的时候，塑性变形集中在某一个局部区域，板材最终发生的断裂失效，这就是经典的集中性失稳准则。集中性失稳认为，当板材的塑性失稳过程一定时，变形集中在很小的局部区域内，而不能发生转移。当板材失稳位置的材料强化率与其厚度的减薄率相等时，集中性失稳才会发生，而且其他区域的应力保持不变甚至降低而不再变形。在这一局部区域材料发生破裂失稳。Hill 提出了在平面应力条件下的集中性失稳准则[17]。集中性失稳产生的条件为

$$\frac{d\sigma_1}{\sigma_1} = \frac{d\sigma_2}{\sigma_1} = -d\varepsilon_3 \quad 且 \quad d\varepsilon_2 = 0 \tag{5-28}$$

Hill 集中性失稳准则也是在平面应力状态条件下进行讨论，因此上述的分析依然适用。由集中性失稳的条件可以获得

$$\frac{d\sigma_1}{d\varepsilon_3} = -\sigma_1 \quad 且 \quad \frac{d\sigma_2}{d\varepsilon_3} = -\sigma_2 \tag{5-29}$$

由式(5-28)可得

$$\begin{cases} \varepsilon_3 = -\dfrac{\alpha+1}{2-\alpha}\varepsilon_1 \\[3mm] \varepsilon_3 = -\dfrac{\alpha+1}{2\alpha-1}\varepsilon_1 \end{cases} \tag{5-30}$$

进而可得

$$\begin{cases} d\varepsilon_3 = -\dfrac{\alpha+1}{2-\alpha}d\varepsilon_1 \\[3mm] d\varepsilon_3 = -\dfrac{\alpha+1}{2\alpha-1}d\varepsilon_1 \end{cases} \tag{5-31}$$

结合式(5-23)和式(5-31)得

$$\frac{d\sigma_i}{d\varepsilon_i} = -\frac{2+\alpha-\alpha^2}{4(1-\alpha+\alpha^2)}\frac{d\sigma_1}{d\varepsilon_3} + \frac{1-\alpha-2\alpha^2}{4(1-\alpha+\alpha^2)}\frac{d\sigma_2}{d\varepsilon_3} \tag{5-32}$$

根据集中性失稳条件可得

$$\frac{d\overline{\sigma}}{d\overline{\varepsilon}} = \frac{1+\alpha}{2}\sigma_1 = \frac{1+\alpha}{2\left(1-\alpha+\alpha^2\right)^{\frac{1}{2}}}\overline{\sigma} \tag{5-33}$$

将式(5-25)和式(5-33)联立可得集中性失稳时的等效应变为

$$\overline{\varepsilon} = \frac{2\left(1-\alpha+\alpha^2\right)^{\frac{1}{2}}}{1+\alpha}n_h \tag{5-34}$$

因此可得集中性失稳条件下的极限应变值:

$$\begin{cases} \varepsilon_1 = \dfrac{2-\alpha}{1+\alpha}n \\[3mm] \varepsilon_2 = -\dfrac{1-2\alpha}{1+\alpha}n \end{cases} \tag{5-35}$$

可以看出，Hill 集中性失稳准则得到的极限应变同样只与应变路径和加工硬化系数有关。需要注意的是，当板材处于双向受拉状态，即 $0.5 \leqslant x \leqslant 1$ 时，通过计算可知，Hill 集中性失稳先于 Swift 分散性失稳发生。但是，通常来说，分散性失稳要先发生。因此，Hill 集中性失稳准则不适用于双向受拉状态。通常情况下，Hill 集中性失稳准则用于求解单向拉伸状态和接近单向拉伸状态时的极限应力-应变值，Swift 分散性失稳准则用于求解双向拉伸状态和接近双向拉伸状态时的极限应力-应变值。根据式(5-27)和式(5-35)，将表 5.3 中的数据代入可以得出基于 Swift 分散性/Hill 集中性失稳准则预测的 Cu/Ni 复层箔的成形极限，如图 5.23 所示。

可以看出，Swift/Hill 失稳准则对 Cu/Ni 复层箔的成形极限的预测有较大误差，预测的成形极限曲线要明显高于实验曲线。这也是因为 Swift 分散性失稳准则和 Hill 集中性失稳准则都是基于连续体假设进行的预测，没有考虑试样缺陷在应变

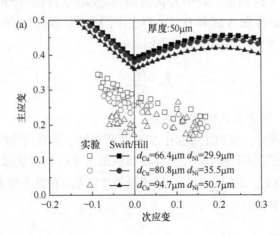

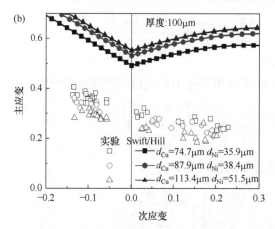

图 5.23　Swift/Hill 失稳准则对 Cu/Ni 复层箔的预测

(a) 50μm；(b) 100μm

演化中的作用。Swift/Hill 失稳准则能够表现出加载路径对极限应变的影响，但是在成形极限图右侧双向拉伸应力状态下，该准则的预测结果是当应力状态趋近于双向拉伸时极限应变增大，而薄板的实际极限应变值是减小的。

3. M-K 模型

M-K 模型是由 Marciniak 和 Kuczynski 共同提出的，是工程中预测板材冲压成形极限应用最广泛的塑性失稳理论[18]。该理论认为材料表面并不是完全光滑的，在材料制备的过程中，原始板材表面有缺陷，这些缺陷的位置是集中性失稳最可能的位置。基于上述分析，M-K 准则认为板材的集中性失稳发生在材料表面缺陷处。该准则假设板材厚度呈不均匀状态，即在板材表面存在凹槽，随着变形过程的不断进行，该凹槽逐渐变形扩展最终导致集中性失稳的发生。M-K 失稳准则相关的模型如图 5.24 所示。其中 A 区为均匀变形区，B 区为凹槽区。

显然由于凹槽的存在 A 区和 B 区的厚度不同，导致板材初始厚度不均匀，在 M-K 模型中用初始厚度不均匀度 f_0 来表示。

$$f_0 = \frac{t_0^A}{t_0^B} \tag{5-36}$$

式中，t_0^A、t_0^B 是 A 区和 B 区的初始厚度。

板材在变形过程中，变形主要集中在 B 区凹槽处。随着应变的增大，A 区和 B 区的应力-应变状态差距逐渐增大。当 B 区的最大主应变增量远大于 A 区的最大主应变增量，即 $\Delta\varepsilon_{1b} \gg \Delta\varepsilon_{1a}$ 时认为凹槽处发生断裂。在整个变形过程中，M-K 模型满足以下几个条件。

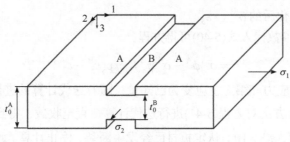

图 5.24　M-K 模型

(1) 力平衡条件：$\sigma_1^A t^A = \sigma_1^B t^B$，$t^A$ 和 t^B 分别是 A 区和 B 区的厚度；

(2) 变形协调条件：A 区和 B 区的次应变增量相等，即 $d\varepsilon_2^A = d\varepsilon_2^B$；

(3) 体积不变条件：$d\varepsilon_1 + d\varepsilon_2 + d\varepsilon_3 = 0$；

(4) 平面应力条件：$\sigma_3 = 0$。

板材的厚度随着应变的增大而不断改变，可以表示为

$$t = t_0 \exp(\varepsilon_3) \tag{5-37}$$

根据力平衡条件可得

$$\sigma_1^A - \sigma_1^B f_0 \exp(\varepsilon_3^B - \varepsilon_3^A) = 0 \tag{5-38}$$

Cu 板和 Ni 板为面内各向同性材料，因此采用 Mises 屈服准则(式(5-3))。设定
参数 $\phi = \dfrac{\bar{\sigma}}{\sigma_1} = (1 - \alpha + \alpha^2)^{1/2}$，假设板材服从 Levy-Mises 增量理论(式(5-10))。引入
参数 $\rho = \dfrac{d\varepsilon_2}{d\varepsilon_1}$ 和 $\beta = \dfrac{d\bar{\varepsilon}}{d\varepsilon_1}$ 可以得出

$$\rho = \frac{2\alpha - 1}{2 - \alpha} \quad 和 \quad \beta = \frac{2\phi}{2 - \alpha} \tag{5-39}$$

式(5-38)可以写为

$$\bar{\sigma}^A \phi^A - \bar{\sigma}^B \phi^B f_0 \exp(\varepsilon_3^B - \varepsilon_3^A) = 0 \tag{5-40}$$

其中，$\bar{\sigma}^A$、$\bar{\sigma}^B$、ε_3^B、ε_3^A 为已知量，并随着计算过程的进行而逐渐变化。

M-K 模型的求解步骤如下：

(1) 给定 B 区第一主应力方向的应变增量 $\Delta\varepsilon_1^B$ 且在计算过程中保持不变。保
证 $\Delta\varepsilon_1^B > \Delta\varepsilon_1^A$，给定 A 区第一主应力方向的应变增量 $\Delta\varepsilon_1^A$。

(2) 给定应力比值 $\alpha(0 \leqslant \alpha \leqslant 1)$，则 A 区的参数为 ρ^A、β^A、ϕ^A，进而可以
计算出变化后的 $\bar{\sigma}^A$、ε_3^A。

(3) 根据几何协调条件 $d\varepsilon_2^A = d\varepsilon_2^B$，可以得出 B 区的参数 ρ^B、β^B、ϕ^B，进

而可以计算出变化后的 $\bar{\sigma}^B$、ε_3^B。

(4) 将上述参数代入式(5-40)可得方程:

$$F = \bar{\sigma}^A \phi^A - \bar{\sigma}^B \phi^B f_0 \exp(\varepsilon_3^B - \varepsilon_3^A) \qquad (5-41)$$

方程中等效应力和第三主应变为已知量,随着迭代计算的进行而变化。运用 Newton-Raphson 方法对方程(5-41)进行迭代计算,直至收敛,得到 $\Delta\varepsilon_1^B$ 和 $\Delta\varepsilon_1^A$。

(5) 若 $\Delta\varepsilon_1^B / \Delta\varepsilon_1^A > 10$,认定板材已经发生断裂,停止计算。此时 A 区的第一主应变和第二主应变为板材在此加载路径下的极限应变。若 $\Delta\varepsilon_1^B / \Delta\varepsilon_1^A < 10$,则更新 A 区和 B 区的等效应力和第三主应变得到一个新的方程,继续进行迭代计算,直到满足 $\Delta\varepsilon_1^B / \Delta\varepsilon_1^A > 10$ 为止。

(6) 选取一个新的加载路径下的 α 值,重复步骤(1)～(5),可得此加载路径下的极限应变;选取若干个 α 值进行计算,将最终得到的所有的极限应变点进行绘图,最终得到此试样的理论成形极限曲线。

在变形过程中,A 区和 B 区的应力状态是不同的。A 区变形均匀且具有固定的加载路径,即整个过程的次大主应变与最大主应变增量的比值是固定的,而且应力状态相对固定,即次大主应力和最大主应力比值固定。而对于 B 区,加载路径和应力状态都随着应变的增大而不断改变,逐渐发展为平面应变状态,最终导致集中性失稳。

基于 M-K 模型的 Cu/Ni 复层箔成形极限的关键参数是初始厚度不均匀度 f_0 的确定。现有的方法可以通过试错法来确定 f_0 值,而 n 值由表 5.3 提供。根据上述描述的计算方法,通过 MATLAB 编写计算程序,输入相关的参数即可得到 Cu/Ni 复层箔的成形极限图。

图 5.25 显示了初始厚度不均匀度 f_0 和应变硬化指数 n 值对成形极限曲线的影响。可以看出,随着 f_0 的降低成形极限曲线呈下降趋势,而且 V 形的角度逐渐增大,即左侧和右侧直线斜率降低。随着 n 的降低成形极限曲线呈下降趋势,而且 V 形的角度逐渐减小,即左侧和右侧直线斜率增大。根据这种规律,经过多次调整 f_0 参数,获得较为符合成形极限实验数据的成形极限曲线,如图 5.26 所示。

可以看出,通过多次调整 f_0 值,M-K 模型可以较为准确地描述 Cu/Ni 复层箔的成形极限曲线。f_0 值的变化代表着实验初始表面缺陷程度对成形极限的影响。原始板材出厂后表面质量比较优异,表面基本上不会有很明显的缺陷,不会影响板材的集中性失稳。板材的集中性失稳过程是由于塑性变形的增加导致板材表面或内部损伤的积累导致的。也就是说,f_0 值是随着应变而逐渐增大的值。但是,预测所采用的 f_0 值为一个定值,与实际情况不太符合。尤其是对于 100μm 的试样,

f_0 值取到了 0.86。这在实际的试样中是不可能的。另一方面，应变硬化指数 n 值的选取也会对预测结果产生很大的影响。虽然 M-K 模型通过调整 f_0 值可以较好地预测成形极限曲线，但是就现有的描述并不能与实际情况相匹配。

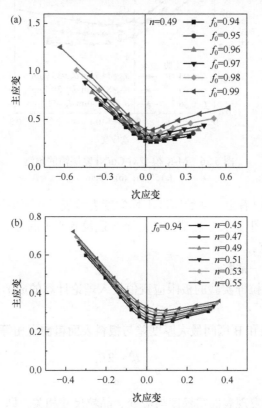

图 5.25　M-K 模型参数的影响

(a) f_0 值对成形极限曲线的影响；(b) n 值对成形极限曲线的影响

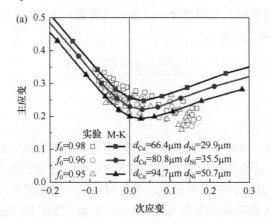

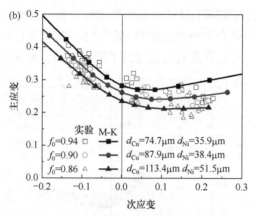

图 5.26　M-K 模型对 Cu/Ni 复层箔的预测

(a) 50μm；(b) 100μm

从式(5-41)可以看出，初始厚度不均匀度表示板料表面的缺陷程度，是 M-K 理论的关键参数。但是关于 f_0 值的计算至今还没有明确的方法。目前也有一些学者对 f_0 进行了研究：

(1) 假设为某一常数；

(2) 通过单向拉伸实验的极限应变值代入理论计算的成形极限曲线，最终得到 f_0 值[19]；

(3) 假设 A 区和 B 区间最大厚度差与板料表面粗糙度相等[20-22]，则 f_0 可写为

$$f_0 = \frac{t_0^A - 2R_z}{t_0^B} \tag{5-42}$$

Stachowicz[23]发现表面粗糙度与应变、晶粒尺寸相关，即

$$R_z = R_0 + C\bar{\varepsilon}_b \sqrt{d_0} \tag{5-43}$$

式中，R_0 为变形前板料表面粗糙度；C 为材料常数；d_0 为板料初始晶粒尺寸。

联立式(5-42)和式(5-43)：

$$f_0 = \frac{t_0^A - 2(R_0 + C\bar{\varepsilon}_b \sqrt{d_0})}{t_0^B} \tag{5-44}$$

4. PMC 模型

很多研究表明，薄板变形前其表面缺陷不会导致集中性失稳[24]。在达到分散性失稳条件之前，薄板的初始凹槽不会表现出明显的增大，整个薄板可以看作均匀变形。M-K 模型从塑性变形开始就定义几何缺陷的连续增长是不合适的。因此，Parmar 等[25]提出了确定成形极限曲线的 PMC 模型。PMC 模型把塑性变形过程分

解为两个阶段，包括直至载荷不稳定的均匀变形和直至局部颈缩的局部变形。第一阶段，材料的变形行为遵循 Considère 模型。第二阶段，材料表面局部缺陷的增大使得集中性失稳发生，薄板服从 M-K 模型。板材的极限应变是直至分散性失稳前的应变与从分散性失稳到局部颈缩的应变之和。

PMC 模型的关键点在于发生分散性失稳时初始厚度不均匀度 f_i 的确定。一般情况下 f_i 的确定还是运用试错法，不断进行调整。PMC 模型的计算步骤如下：

(1) 给定应力状态 α^A，根据 Considère 模型计算出发生分散性失稳时的等效应变 $\bar{\varepsilon}_i$ 和试样的等效应力。

(2) 给定发生分散性失稳时的初始厚度不均匀度 f_i 和 A 区的应变增量 $\Delta\varepsilon^A$。

(3) 根据 M-K 模型的计算步骤，更新 A 区和 B 区的参数，直到满足 $\Delta\varepsilon_1^B / \Delta\varepsilon_1^A > 10$ 结束计算。

(4) 将步骤(1)和(3)中得出的 A 区的极限应变相加，则得到此应力状态下薄板的极限应变状态。

(5) 选取有限个 α^A ($0 \leqslant \alpha^A \leqslant 1$)，将得到的点连在一起即可得到成形极限曲线。

PMC 模型的关键问题是确定分散性失稳开始时的初始厚度不均匀度 f_i 值。这里根据 M-K 模型选取的 f_0 作为 f_i 值。极限应变的求解过程如上述所示。基于 PMC 模型得到的预测结果如图 5.27 所示。

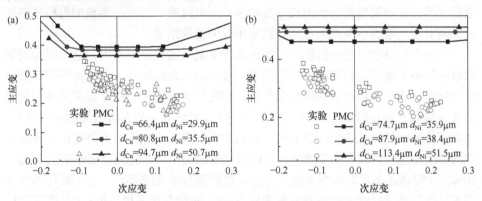

图 5.27　PMC 模型对 Cu/Ni 复层箔的预测
(a) 50μm；(b) 100μm

可以看出，虽然 PMC 模型解决了薄板初始的表面缺陷不能导致集中性失稳的问题，但是其预测结果与实验结果仍然还有很大偏差。PMC 模型利用的还是宏观状态下的 Considère 失稳准则和 M-K 模型，因此并没有考虑厚度在微米级的薄板在变形行为方面与宏观尺度下厚板的差异。这也是所有的宏观尺度下的模型和失稳准则无法准确预测介观尺度薄板的流动应力、变形行为和极限应变的原因。

5.6.2 薄板介观尺度成形极限建模

综合上述宏观成形极限模型的分析,PMC 模型是最符合板材实际变形过程的模型,它结合了描述均匀变形直到分散性失稳前的 Considère 失稳准则和描述分散性失稳到集中性失稳过程的 M-K 模型,符合薄板变形过程中的厚度变化过程。因此,在本节中 PMC 模型被用来修正以达到预测介观尺度薄板成形极限的目的。

板材厚度降低到毫米和微米级后,当厚度方向的晶粒数目降低到临界值时,材料的力学性能、变形行为和断裂行为会发生明显的改变。尺度效应是介观尺度薄板与宏观尺度薄板塑性变形最明显的区别。目前对于尺度效应的解释,被广泛接受的材料模型是表面层模型[4]。随着厚度的降低,表层晶粒的占比逐渐增大而变得不可忽略。当 t/d 低于临界值时,表层晶粒的变形行为严重影响整个试样的变形过程。由于表层晶粒约束弱且位错不易塞积,表层晶粒的变形抗力低而且更容易发生变形和转动。随着表层晶粒的占比增大,这带来的不仅是流动应力的降低还有表面形貌变差[26]。因此,处于介观尺度的薄板的变形行为和断裂行为受到尺度效应和受尺度效应作用的表面形貌的综合影响。

Manabe 等[27]发现薄板的自由表面粗化对薄板的变形行为影响愈发明显,尤其是尺度效应使得表面层晶粒的约束降低,自由表面晶粒更容易发生旋转和变形来增大表面粗糙度[11]。随着塑性应变的增加,表面粗糙度逐渐增加,并且随着厚度的变薄,表面粗糙度对于薄板厚度的影响不可忽略。因此,薄板的失稳是表面缺陷随着应变增加不断增大最终导致集中性失稳的结果。

上述宏观模型对复层箔成形极限的预测结果与实验差距颇大,这是因为宏观领域内忽略了很多材料参数,如粗糙度、表面层晶粒影响等。当板材厚度降低到微米级时,这些参数对薄板塑性变形的影响变得非常明显。在介观尺度对薄板成形极限的描述为 μ-FLD。对于介观尺度的薄板,尺度效应使薄板的流动应力降低,从而直接影响到加工硬化指数 n 值,而表面粗化现象直接影响到薄板在变形过程中的厚度变化。到试样断裂为止,表面粗糙度的大小可以达到薄板厚度的 10%～20%,这对金属薄板的塑性不稳定性和延性断裂有很大的影响。加工硬化指数 n 值可以通过单向拉伸实验得到的真实应力-应变曲线直接获得,而介观尺度下薄板的厚度变化与薄板变形过程中的表面粗糙度的变化相关。

1. 薄板介观尺度表面粗化模型

已经有很多学者对于薄板表面粗糙度的演化开展了研究。Fukui 等[28]和 Pham 等[29]发现表面粗糙度的演化与应变状态存在某种关系。他们发现 R_z 随着真实应变的增加而逐渐增大。基于上述发现,Furushima 等[30]和 Mahmudi 等[31]提出了 R_z 与等效应变和晶粒尺寸的关系:

$$R_z = pd_0\bar{\varepsilon} + R_0 \tag{5-45}$$

其中，p 为滑移特征相关的材料常数；d_0 为晶粒尺寸；$\bar{\varepsilon}$ 为等效应变；R_0 为初始表面粗糙度。

Parmar 认为分散性失稳位置在薄板表面粗糙度最大的位置，该部分无法承受理论最大拉伸载荷。基于这种假设，Cheng 等[32]提出了薄板表面粗糙度的物理模型，如图 5.28 所示。该模型认为，表面粗糙度 R_z 值随着应变的增大而增大。因此，薄板实际的受力体积要小于试样的理论体积。然而，原始板材的表面粗糙度在变形前很小，可以被忽略。根据体积不变原理，变形过程中薄板的体积满足：

$$t_0 l_1^{\text{initial}} l_2^{\text{initial}} = t_{\text{avg}} l_1 l_2 + \frac{2}{3} m^2 R_z (l_2 / m)(l_1 / m) \tag{5-46}$$

其中，t_0 为薄板原始厚度；l_1^{initial} 和 l_2^{initial} 是薄板原始长度和宽度；t_{avg} 是变形过程中薄板除表面粗糙度以外的平均厚度；m 是突出部位的宽度；R_z 是表面粗糙度。

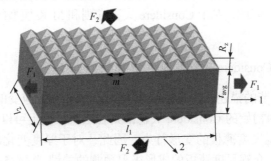

图 5.28 单层薄板表面粗糙度的几何模型[32]

将式(5-45)代入式(5-46)可得

$$\frac{t_{\text{avg}}}{t_0} = \exp(-\varepsilon_1 - \varepsilon_2) - \frac{2}{3}\left(p\frac{d_0}{t_0}\bar{\varepsilon} + \frac{R_0}{t_0}\right) \tag{5-47}$$

其中，ε_1 和 ε_2 分别是最大主应变和次大主应变。但是由于晶粒尺寸的不均匀性，薄板的最小厚度 t_{min} 不等于 t_{avg}。通过式(5-4)推出薄板最小厚度公式：

$$\begin{cases} t_{\text{min}} = t_{\text{avg}} - \dfrac{4\xi p \Delta d \bar{\varepsilon}}{t_0} \\ \xi = hd_0 \end{cases} \tag{5-48}$$

其中，ξ 是表面粗糙度浮动系数；h 为材料常数，通过拟合实验的极限应变来获得。

结合 Levy-Mises 增量理论，设 $\phi = \dfrac{\bar{\sigma}}{\sigma_1} = (1 - \alpha + \alpha^2)^{0.5}$，薄板的最小厚度变化

率可以通过对式(5-48)的微分求得

$$\frac{\mathrm{d}t_{\min}}{t_{\min}} = \frac{\exp\left(\frac{\alpha-2}{2\phi}+\frac{1-2\alpha}{2\phi}\right)\left(\frac{\alpha-2}{2\phi}+\frac{1-2\alpha}{2\phi}\right)-\frac{2}{3}p\frac{d_0}{t_0}-\frac{4\xi p\Delta d}{t_0}}{\exp\left(\frac{\alpha-2}{2\phi}+\frac{1-2\alpha}{2\phi}\right)-\frac{2}{3}\left(p\frac{d_0}{t_0}\overline{\varepsilon}+\frac{R_0}{t_0}\right)-\frac{4\xi p\Delta d\overline{\varepsilon}}{t_0}}\mathrm{d}\overline{\varepsilon} \quad (5\text{-}49)$$

应该注意的是，最小厚度的变化率不是薄板厚度方向的应变增量。在宏观尺度，体积不变原理如下：

$$\varepsilon_3 = -\varepsilon_1 - \varepsilon_2 \quad (5\text{-}50)$$

基于对介观尺度薄板厚度变化的修正，Cheng 等[32]将式(5-48)代入 Considère 失稳准则和 M-K 模型，获得了适用于介观尺度薄板极限应变预测的 PMC 模型。PMC 模型可以分成两个部分，第一部分为均匀变形阶段至分散性失稳点，由 Considère 失稳准则进行预测；第二部分是分散性失稳点至集中性失稳阶段，由 M-K 模型预测。因此，对于 Considère 失稳准则和 M-K 模型的修正是本节的主要内容。

2. 修正的 Considère 失稳准则和 M-K 模型

根据 5.6.1 节的描述，Considère 失稳准则预测极限应变的模型可以描述为式(5-9)。式(5-9)中初始的 Considère 失稳准则在宏观尺度上可以将 $\mathrm{d}t/t$ 看作 $\mathrm{d}\varepsilon_3$，但这不适用于介观尺度薄板的变形行为。因此，对于厚度变化的修正是 Considère 失稳准则应用于介观尺度薄板的成形极限预测的关键。将式(5-49)中最小厚度变化率代入式(5-9)中可以得到修正后的适用于介观尺度薄板的 Considère 失稳准则。

$$\begin{cases} \phi\dfrac{n}{\overline{\varepsilon}} = \left(\dfrac{2-\alpha}{2\phi}+\dfrac{2\alpha-1}{2\phi}\alpha\right)\left(-\dfrac{2\alpha-1}{2\phi}-G\right) \\[4mm] G = \dfrac{\exp\left(\dfrac{\alpha-2}{2\phi}+\dfrac{1-2\alpha}{2\phi}\right)\left(\dfrac{\alpha-2}{2\phi}+\dfrac{1-2\alpha}{2\phi}\right)-\dfrac{2}{3}p\dfrac{d_0}{t_0}-\dfrac{4\xi p\Delta d}{t_0}}{\exp\left(\dfrac{\alpha-2}{2\phi}+\dfrac{1-2\alpha}{2\phi}\right)-\dfrac{2}{3}\left(p\dfrac{d_0}{t_0}\overline{\varepsilon}+\dfrac{R_0}{t_0}\right)-\dfrac{4\xi p\Delta d\overline{\varepsilon}}{t_0}} \end{cases} \quad (5\text{-}51)$$

式(5-51)通过 Newton-Raphson 迭代方法可以计算出薄板在分散性失稳时的极限应变。当式(5-51)中 $R_0 \sim 0$ 时，式(5-51)将退化成宏观的 Considère 失稳准则。

当薄板的均匀变形阶段结束而处于分散性失稳点时，薄板还有一定的变形能力。接下来，通过 M-K 模型来计算这一阶段的极限应变。Cheng 等[32]提出薄板处于分散性失稳点其表面形貌模型，如图 5.29 所示。M-K 模型的初始厚度不均匀度

f_i 值是关键参数。令 $f_i = \dfrac{t_i^B}{t_i^A}$，根据 Bong 等[33]和 Tseng 等[34]的研究，t_i^A 和 t_i^B 分别是凹槽内外侧的最小厚度，而且 t_i^A 和 t_i^B 满足以下关系：

$$\begin{cases} t_i^A = t_i^B + 2R_k \\ R_k = kR_z \end{cases} \tag{5-52}$$

其中，k 为表面粗糙度参数，在这里定义为控制精度的可调参数。假定在弥散不稳定性处凹槽内部和外部的应力状态是一致的，并且在不稳定性点之后表面粗糙化继续增长。

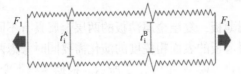

图 5.29　单层薄板在分散性失稳点的截面[32]

当薄板进入分散性失稳过程后，薄板仍然遵从体积不变原则。在分散性失稳点时，薄板的总体积为 V^i，给定应变增量 $d\varepsilon_1$，则变形后的薄板的总体积为 V^t：

$$\begin{cases} V^t = tl_1^t l_2^t + \dfrac{2}{3} R_z^t l_1^t l_2^t \\ V^0 = t_0 l_1 l_2 \end{cases} \tag{5-53}$$

其中，$l_1^t = l_1 \exp(\varepsilon_1 + d\varepsilon_1)$；$l_2^t = l_2 \exp(\varepsilon_2 + d\varepsilon_2)$；$R_z^t = pd_0 d\bar{\varepsilon} + R_z^i$。$t$ 是薄板在分散性失稳点后的实时厚度，l_1 和 l_2 分别是薄板的初始长度和宽度，l_1^t 和 l_2^t 分别是给定应变增量 $d\varepsilon_1$ 后薄板的长度和宽度，R_z^i 和 R_z^t 分别是分散性失稳点和分散性失稳点给定应变增量 $d\varepsilon_1$ 后薄板的表面粗糙度，V^0 是板材原始体积。

根据体积不变原则，可得 $V^i = V^t$，可得

$$\frac{t}{t_0} = \exp(-\varepsilon_1 - \varepsilon_2)\exp(-d\varepsilon_1 - d\varepsilon_2) - \frac{2}{3}\frac{pd_0(\bar{\varepsilon} + d\bar{\varepsilon}) + R_0}{t_i} \tag{5-54}$$

结合最小厚度公式可得

$$\frac{t}{t_i} = \left[1 + \frac{\dfrac{2}{3}\left(p\dfrac{d_0}{t_0}\bar{\varepsilon} + \dfrac{R_0}{t_0} \right)}{\dfrac{t_i}{t_0}} \right] \exp(-d\varepsilon_1 - d\varepsilon_2) - \frac{2}{3}\frac{p\dfrac{d_0}{t_0}(\bar{\varepsilon} + d\bar{\varepsilon}) + \dfrac{R_0}{t_0}}{\dfrac{t_i}{t_0}} \tag{5-55}$$

式(5-55)对于 A 和 B 区都成立。根据 M-K 模型中的力平衡条件可得

$$t^A \sigma_1^A = t^B \sigma_1^B \tag{5-56}$$

结合式(5-54)可得

$$\frac{t^A}{t_i^A} \frac{\left(\overline{\varepsilon}_i + d\overline{\varepsilon}_i^A\right)^n}{\phi_i^A} = f_i \frac{t^B}{t_i^B} \frac{\left(\overline{\varepsilon}_i + d\overline{\varepsilon}_i^B\right)^n}{\phi_i^B} \tag{5-57}$$

根据5.6.1节M-K模型的求解过程对式(5-57)进行赋值求解即可得到基于修正后的 PMC 模型预测的薄板在不同加载条件下的极限应变。

3. 复层箔成形极限模型

不同于单层金属薄板,复层金属薄板的两层金属具有不同晶粒尺寸和表面粗糙度,因此复层金属薄板的表面粗糙度的演化需要同时考虑两层表面。复层金属薄板的表面粗糙度的物理模型如图 5.30 所示。根据体积不变原理,式(5-47)可以写为

$$\frac{t_{avg}}{t_0} = \exp(-\varepsilon_1 - \varepsilon_2) - \frac{1}{3}\left(p\frac{d_0^{Cu} + d_0^{Ni}}{t_0}\overline{\varepsilon} + \frac{R_0^{Cu} + R_0^{Ni}}{t_0} \right) \tag{5-58}$$

复层箔的最小厚度为

$$\frac{dt_{min}}{t_{min}} = \frac{\exp\left(\frac{\alpha-2}{2\phi} + \frac{1-2\alpha}{2\phi}\right)\left(\frac{\alpha-2}{2\phi} + \frac{1-2\alpha}{2\phi}\right) - \frac{1}{3}p\frac{d_0^{Cu} + d_0^{Ni}}{t_0} - \dfrac{2hp(d_0^{Cu}\Delta d_0^{Cu} + d_0^{Ni}\Delta d_0^{Ni})}{t_0}}{\exp\left(\frac{\alpha-2}{2\phi} + \frac{1-2\alpha}{2\phi}\right) - \frac{1}{3}\left(p\frac{d_0^{Cu} + d_0^{Ni}}{t_0}\overline{\varepsilon} + \frac{R_0^{Cu} + R_0^{Ni}}{t_0}\right) - \dfrac{2hp(d_0^{Cu}\Delta d^{Cu} + d_0^{Ni}\Delta d^{Ni})\overline{\varepsilon}}{t_0}} d\overline{\varepsilon} \tag{5-59}$$

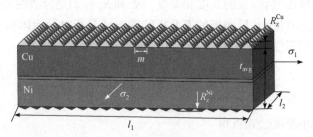

图 5.30　复层金属薄板表面粗糙度的几何模型

将式(5-59)代入修正后的Considère失稳准则中可得复层金属薄板的Considère失稳准则(以下简称复层Considère准则):

$$
\begin{cases}
\phi\dfrac{n}{\bar{\varepsilon}} = \left(\dfrac{2-\alpha}{2\phi} + \dfrac{2\alpha-1}{2\phi}\alpha\right)\left(-\dfrac{2\alpha-1}{2\phi} - G\right) \\[4mm]
G = \dfrac{\exp\left(\dfrac{\alpha-2}{2\phi} + \dfrac{1-2\alpha}{2\phi}\right)\left(\dfrac{\alpha-2}{2\phi} + \dfrac{1-2\alpha}{2\phi}\right) - \dfrac{1}{3}\,p\,\dfrac{d_0^{Cu}+d_0^{Ni}}{t_0} - \dfrac{2hp(d_0^{Cu}\Delta d_0^{Cu} + d_0^{Ni}\Delta d_0^{Ni})}{t_0}}{\exp\left(\dfrac{\alpha-2}{2\phi} + \dfrac{1-2\alpha}{2\phi}\right) - \dfrac{1}{3}\left(p\,\dfrac{d_0^{Cu}+d_0^{Ni}}{t_0}\bar{\varepsilon} + \dfrac{R_0^{Cu}+R_0^{Ni}}{t_0}\right) - \dfrac{2hp(d_0^{Cu}\Delta d^{Cu} + d_0^{Ni}\Delta d^{Ni})\bar{\varepsilon}}{t_0}}
\end{cases}
$$

$$(5\text{-}60)$$

当复层金属薄板处于分散性失稳点时，如图 5.31 所示，式(5-52)可以写为

$$
\begin{cases}
t_i^{A} = t_i^{B} + R_k^{Cu} + R_k^{Ni} \\[2mm]
R_k = kR_z
\end{cases}
$$

$$(5\text{-}61)$$

然后，式(5-55)可以写为

$$
\frac{t}{t_i} = \left[1 + \frac{\dfrac{1}{3}\left(p\,\dfrac{d_0^{Cu}+d_0^{Ni}}{t_0}\bar{\varepsilon} + \dfrac{R_0^{Cu}+R_0^{Ni}}{t_0}\right)}{\dfrac{t_i}{t_0}}\right]\exp(-\mathrm{d}\varepsilon_1 - \mathrm{d}\varepsilon_2) - \frac{1}{3}\frac{p\,\dfrac{d_0^{Cu}+d_0^{Ni}}{t_0}(\bar{\varepsilon}+\mathrm{d}\bar{\varepsilon}) + \dfrac{R_0^{Cu}+R_0^{Ni}}{t_0}}{\dfrac{t_i}{t_0}}
$$

$$(5\text{-}62)$$

将式(5-62)代入力平衡条件可得复层金属薄板的 PMC 模型(以下简称复层PMC 模型)：

$$
\frac{t^{A}}{t_i^{A}}\frac{\left(\bar{\varepsilon}_i + \mathrm{d}\bar{\varepsilon}_i^{A}\right)^{n}}{\phi_i^{A}} = f_i\frac{t^{B}}{t_i^{B}}\frac{\left(\bar{\varepsilon}_i + \mathrm{d}\bar{\varepsilon}_i^{B}\right)^{n}}{\phi_i^{B}}
$$

$$(5\text{-}63)$$

根据 M-K 模型的计算步骤，最终可得到复层金属薄板在不同加载条件下的极限应变。

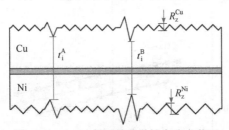

图 5.31　Cu/Ni 复层箔分散性失稳点截面

5.6.3　Cu/Ni 复层箔介观尺度成形极限预测

1. 修正的 Considère 失稳准则的成形极限预测

根据 5.6.2 节的描述，介观尺度下 PMC 模型需要很多材料参数。不同于单层金属薄板，复层箔的参数确定还需要深入讨论。介观尺度薄板的表面粗糙度的演化行为与晶粒尺寸、初始表面粗糙度以及材料常数 p 和 h 等有关。研究表明，初

始薄板的初始表面粗糙度 $R_0<1\mu m$，本章设定 $R_0=0.5\mu m$；Mahmudi 等[31]发现，p 值的范围为 0.5±0.02，本章设定为 0.5；h 通过拟合实验曲线确定为 $h=0.001$；晶粒尺寸为 Ni 层的晶粒尺寸如表 5-1 所示；Δd 为 Ni 层晶粒尺寸偏差，如表 5-1 所示。将上述参数代入 5.4 节的公式中，对 Cu/Ni 复层箔的极限应变进行预测。

根据 5.6.2 节描述的介观尺度复层 Considère 准则，将相关的参数代入可得基于 Considère 失稳准则预测的 Cu/Ni 复层箔的成形极限曲线，如图 5.32 所示。可以看出，复层 Considère 准则对 Cu/Ni 复层箔的成形极限有较好的预测能力，相比于宏观的成形极限模型，预测精度显著提高。但是，从图 5.32(b)中可以看出，复层 Considère 准则对左侧单向拉伸加载条件下的预测明显低于实验结果。这种现象也出现在图 5.32 (a)的厚度 50μm、经过 600℃热处理的 Cu/Ni 复层箔的

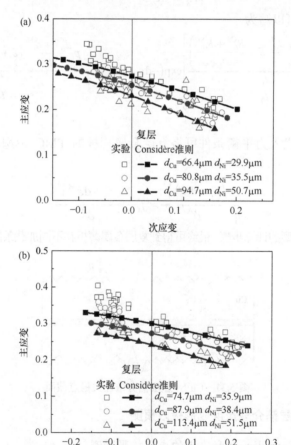

图 5.32　复层 Considère 准则对成形极限的预测

(a) 50μm；(b) 100μm

预测中。这是因为，复层金属薄板在达到分散性失稳点后，仍然具有一定的变形能力，在经过一定的变形后才能达到集中性失稳。这说明，单向拉伸应力状态的薄板的断裂机理主要是集中性失稳，当应力状态逐渐变至双向拉伸时，断裂机理逐渐过渡为分散性失稳。

2. 修正的 PMC 模型的成形极限预测

PMC 模型综合了 Considère 分散性失稳准则和描述集中性失稳的 M-K 模型，这有助于提高复层 Considère 准则在 FLD 左侧的预测精度。但是，PMC 模型的厚度不均匀度参数 f_i 的确定是 PMC 模型预测的关键。根据式(5-52)，k 值是 f_i 的决定性参数。因此，基于前面描述的复层 PMC 模型，首先研究 k 值对 PMC 模型预测结果的影响，如图 5.33 所示。通过与复层 Considère 准则的比较可以看出，当薄板的加载路径在临近平面应变状态($\alpha=0.5$)的某个区间($\alpha=[a,b]$)内，复层 PMC 模型趋近于复层 Considère 准则。这表明，在这个区间内，复层箔在达到分散性失稳后，几乎没有集中性失稳过程。而当应力状态在这个区间之外，复层箔在达到分散性失稳点后还进行了一部分变形，最终达到集中性失稳。随着 k 值的增大，α 区间范围不断增大。这表明 k 值的大小决定了 α 区间范围，也决定了复层箔在某种加载路径下的断裂机理。通过图 5.33 可以看出，复层箔在双向拉伸应力状态下趋向于分散性失稳，而在单向拉伸应力状态下趋向于集中性失稳。从集中性失稳过渡到分散性失稳的过程中存在临界应力状态的 α_c 值。从图 5.33 来看，在区间 $\alpha=[0,\alpha_c]$ 中复层箔为集中性失稳，遵从复层 PMC 模型预测结果；在区间 $\alpha=[\alpha_c,1]$ 中复层箔为分散性失稳，遵从复层 Considère 准则预测结果。临界应力状态 α_c 值可以通过比较不同应力状态下分散性失稳点的厚度不均匀度 $f_{i\text{-instability}}$ 和集中性失稳开始的厚度不均匀度 $f_{i\text{-limit}}$ 来确定。

分散性失稳点的厚度不均匀度 $f_{i\text{-instability}}$ 的计算方法为

$$f_{i\text{-instability}} = \frac{t_i^B}{t_i^A} \tag{5-64}$$

其中，t_i^B 和 t_i^A 可通过式(5-52)得到。

集中性失稳开始的厚度不均匀度 $f_{i\text{-limit}}$ 的计算方法为

$$f_{i\text{-limit}} = \phi^B \left(\overline{\varepsilon}_i + d\overline{\varepsilon}_i^A \right)^n / \phi^A \left(\overline{\varepsilon}_i + d\overline{\varepsilon}_i^B \right)^n \tag{5-65}$$

假设当满足 $d\overline{\varepsilon}_i^B = 10d\overline{\varepsilon}_i^A$ 时薄板发生集中性失稳，代入式(5-65)可得不同应力状态下发生集中性失稳时的厚度不均匀度 $f_{i\text{-limit}}$，计算结果如图 5.34 所示。在区间 $\alpha=[0,\alpha_c]$，$f_{i\text{-limit}}$ 要小于 $f_{i\text{-instability}}$，这说明在这种应力状态下复层箔发生集中性失稳，介观尺度复层 PMC 模型更适合此种情况。在区间 $\alpha=[\alpha_c,1]$，介观尺度复层

Considère 准则与实验结果有更好的匹配度，如图 5.35 所示。

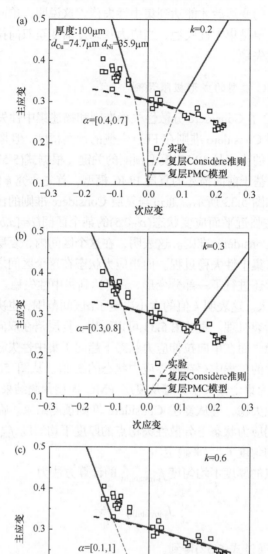

图 5.33　k 值对复层 PMC 模型预测结果的影响

(a) k=0.2；(b) k=0.3；(c) k=0.6

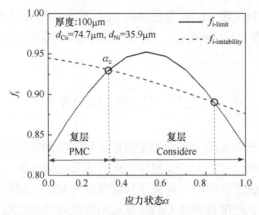

图 5.34　不同应力状态下的 $f_{i\text{-instability}}$ 和 $f_{i\text{-limit}}$

　　基于上述计算过程，对不同厚度和不同晶粒尺寸的 Cu/Ni 复层箔试样进行计算得到相应的临界应力状态 α_c 值，最终得到介观尺度分段式失效准则对 Cu/Ni 复层箔 FLD 的预测结果，如图 5.35 所示。从图 5.35 可以看出，基于复层 PMC 模型和复层 Considère 准则分段进行预测的结果与实验结果吻合度明显提高。接近单向拉伸应力状态的加载路径更倾向于发生集中性失稳，适用于使用介观尺度复层 PMC 模型进行预测，平面应力状态和双向拉伸应力状态的加载路径倾向于发生分散性失稳，适用于介观尺度复层 Considère 准则进行预测。

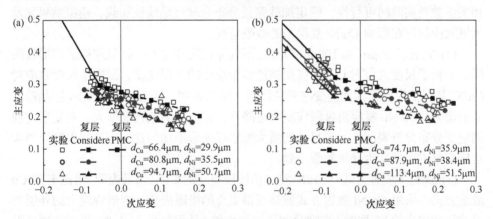

图 5.35　分段式失效准则对 Cu/Ni 复层箔成形极限的预测

(a) 50μm；(a) 100μm

　　综上所述，受尺度效应影响的表面粗糙度演化对介观尺度 Cu/Ni 复层箔的成形极限作用明显。通过量化表面粗糙度与等效应变和晶粒尺寸的关系，定量地分析了变形过程中复层箔的厚度变化，进而修正了 Considère 失稳准则和 PMC 模型。复层 Considère 准则和复层 PMC 模型能够基本预测介观尺度 Cu/Ni 复层箔的 FLD。

值得注意的是，介观尺度 Cu/Ni 复层箔的 FLD 需要进行分段预测，复层 PMC 模型适用于应力状态区间 $\alpha=[0,\alpha_c]$，复层 Considère 准则适用于应力状态区间 $\alpha=[\alpha_c,1]$。

5.7　本 章 小 结

本章首先通过有限元模拟实验确定成形极限实验参数和应变路径的合理性，然后通过对不同晶粒尺寸的 Cu/Ni 复层箔进行成形极限实验，得到了相应的介观尺度 Cu/Ni 复层箔成形极限图。探究了尺度效应对 Cu/Ni 复层箔极限应变的作用规律，进一步分析了尺度效应对 Cu/Ni 复层箔应变路径和变形行为的影响。基于宏观成形极限理论对 Cu/Ni 复层箔成形极限进行了预测，通过对比分析预测结果，讨论了不同失效理论的应用性和准确度，分析了失效理论的应用范围并选取合适的失效理论进行了修正，建立了 Cu/Ni 复层箔介观尺度成形极限模型。通过分析介观尺度薄板变形过程中表面粗糙度的演化行为，量化了薄板变形过程中的厚度变化，对 Considère 失稳准则和 PMC 模型进行修正，再基于复层箔的分层结构进行修改和补充，最终构建了 Cu/Ni 复层箔介观尺度成形极限预测模型。得到以下结论：

(1) 通过成形极限有限元模拟实验初步确定了薄板介观尺度成形极限实验的相关参数及实验的可行性，确定加载路径分布合理且呈线性加载，模拟结果显示尺度效应的存在影响 Cu/Ni 复层箔的极限应变。

(2) 完成了 50μm 和 100μm 厚度的不同晶粒尺寸的 Cu/Ni 复层箔的成形极限图。分析了尺度效应对 Cu/Ni 复层箔的极限应变的作用规律，探究了尺度效应对 Cu/Ni 复层箔变形行为和应变路径的影响。结果表明，随着 Cu 层和 Ni 层晶粒尺寸的增大，Cu/Ni 复层箔极限应变明显降低，相应的离散程度增大。对变形过程的应变分布分析表明，晶粒尺寸的增大加剧了变形不均匀性，应变集中区域增大且应变集中提早发生导致断裂失效。

(3) 探究了放置方式对 Cu/Ni 复层箔极限应变的影响。结果表明，相比于 Ni-Cu 放置方式，采用 Cu-Ni 放置方式能够获得更高的极限应变。变形程度大的外层为晶粒尺寸较小的 Ni 层时，应变分布要更加均匀，从而提高了 Cu/Ni 复层箔的极限应变。

(4) 基于 Considère 失稳准则、Swift/Hill 失稳准则、M-K 模型和 PMC 模型对 Cu/Ni 复层箔成形极限进行预测。通过对比预测结果可以发现，宏观失效理论并不能很好地预测介观尺度薄板的极限应变，预测结果明显高于实验结果。通过讨论宏观失效理论的建模思路，确定 PMC 模型对板材失效的描述基本与薄板实际变形过程相符。

（5）分析了薄板变形过程中受尺度效应影响的表面粗糙度演化过程，建立了薄板厚度变化方程，修正了 Considère 失稳准则和 PMC 模型。基于对复层箔的结构分析，修正适用于复层箔的 Considère 失稳准则和 PMC 模型，最终构建了 Cu/Ni 复层介观尺度薄板成形极限预测模型。

（6）基于 Cu/Ni 复层介观尺度薄板成形极限预测模型，完成了 Cu/Ni 复层箔成形极限预测。结果显示，采用分段式失效准则能够准确预测 Cu/Ni 复层箔成形极限。应力状态在区间 $\alpha=[0,\alpha_c]$ 为集中性失稳，适用于复层 PMC 模型；应力状态在区间 $\alpha=[\alpha_c,1]$ 为分散性失稳，适用于复层 Considère 准则。

参 考 文 献

[1] Peters W H, Ranson W F. Digital imaging techniques in experimental stress analysis[J]. Optical Engineering, 1982, 21(3): 427-431.

[2] Situ Q, Jain M K, Metzger D R. Determination of forming limit diagrams of sheet materials with a hybrid experimental-numerical approach[J]. International Journal of Mechanical Sciences, 2011, 53: 707-719.

[3] Meng B, Fu M W. Size effect on deformation behavior and ductile fracture in microforming of pure copper sheets considering free surface roughening[J]. Materials & Design, 2015, 83: 400-412.

[4] Geiger M, Kleiner M, Eckstein R, et al. Microforming[J]. CIRP Annals—Manufacturing Technology, 2001, 50(2): 445-462.

[5] Peng L F, Xu Z T, Gao Z Y, et al. A constitutive model for metal plastic deformation at micro/meso scale with consideration of grain orientation and its evolution[J]. International Journal of Mechanical Sciences, 2018, 138-139: 74-85.

[6] Keller C, Hug E, Feaugas X. Microstructural size effects on mechanical properties of high purity nickel[J]. International Journal of Plasticity, 2011, 27(4): 635-654.

[7] Leu D K, Sheen S H. Roughening of free surface during sheet metal forming[J]. Journal of Manufacturing Science and Engineering, 2013, 135(2): 024502.

[8] Al-Qureshi H A, Klein A N, Fredel M C. Grain size and surface roughness effect on the instability strains in sheet metal stretching[J]. Journal of Materials Processing Technology, 2005, 170: 204-210.

[9] 耿芳芳. 铜/镍复层箔微拉伸塑性变形行为研究[D]. 哈尔滨: 哈尔滨工业大学, 2016.

[10] 徐竹田. 金属薄板介观尺度成形极限建模与实验研究[D]. 上海: 上海交通大学, 2014.

[11] Zahedi A, Dariani B M, Mirnia M J. Experimental determination and numerical prediction of necking and fracture forming limit curves of laminated Al/Cu sheets using a damage plasticity model[J]. International Journal of Mechanical Sciences, 2019, 153: 341-358.

[12] Liu H, Zhang W, Gau J T. Microscale laser flexible dynamic forming of Cu/Ni laminated composite metal sheets[J]. Journal of Manufacturing Processes, 2018, 35: 51-60.

[13] Zhang L, Wang J. Modeling the localized necking in anisotropic sheet metals[J]. International Journal of Plasticity, 2012, 39: 103-118.

[14] Tadros A K, Mellor P B. Some comments on the limit strains in sheet metal stretching[J]. International Journal of Mechanical Sciences, 1975, 17: 203-210.

[15] Chen G N, Shen H, Ha S G, et al. Roughening of the free surfaces of metallic sheets during stretch forming[J]. Materials Science and Engineering A, 1990, 128: 33-38.

[16] Swift H W. Plastic instability under plane stress[J]. Journal of the Mechanics and Physics of Solids, 1952, 1(1): 1-18.

[17] Hill R. On discontinuous plastic states, with special reference to localized necking in thin sheets[J]. Journal of the Mechanics and Physics of Solids, 1952, 1(1): 19-30.

[18] Marciniak Z, Kuczyński K. Limit strains in the processes of stretch-forming sheet metal[J]. International Journal of Mechanical Sciences, 1967, 9: 609-620.

[19] 薛克敏, 周林, 李萍. 基于成形应力极限的管材液压成形缺陷预测[J]. 机械工程学报, 2009, 45(6): 229-233.

[20] Nurcheshmeh M, Green D E. Influence of out-of-plane compression stress on limit strains in sheet metals[J]. International Journal of Material Forming, 2012, 5(3): 213-226.

[21] Nurcheshmeh M, Green D E. Prediction of sheet forming limits with marciniak and Kuczynski analysis using combined isotropic-nonlinear kinematic hardening[J]. International Journal of Mechanical Sciences, 2010, 53(2): 145-153.

[22] Lang L, Cai G, Liu K. Investigation on the effect of through thickness normal dtress on forming limit at elevated temperature by using modified M-K model[J]. International Journal of Material Forming, 2014, 8(2): 1-18.

[23] Stachowicz F. Effect of annealing temperature on plastic flow properties and forming limit diagrams of titanium and titanium alloy sheets[J]. Materials Transactions, 1988, 29(6): 484-493.

[24] 陈光南, 胡世光. 成形极限曲线(FLC)的新概念[J]. 北京航空航天大学学报, 1992, 4: 48-53.

[25] Parmar A, Mellor P B, Chakrabarty J. A new model for the prediction of instability and limit strains in thin sheet metal[J]. International Journal of Mechanical Sciences, 1977, 19(7): 389-398.

[26] Ben Hmida R, Thibaud S, Gilbin A, et al. Influence of the initial grain size in single point incremental forming process for thin sheets metal and microparts: Experimental investigations[J]. Materials & Design, 2013, 45: 155-165.

[27] Manabe K, Shimizu T, Koyama H, et al. Validation of FE simulation based on surface roughness model in micro-deep drawing[J]. Journal of Materials Processing Technology, 2008, 204: 89-93.

[28] Fukui Y, Nakanishi K. Forming limit of sheet metal considering surface roughness[J]. Transactions of the Japan Society of Mechanical Engineers, 2008, 52: 833-840.

[29] Pham C H, Thuillier S, Manach P Y. Mechanical properties involved in the micro-forming of ultra-thin stainless steel sheets[J]. Metallurgical and Materials Transactions A, 2015, 46: 3502-3515.

[30] Furushima T, Tsunezaki H, Manabe K I, et al. Ductile fracture and free surface roughening behaviors of pure copper foils for micro/meso-scale forming[J]. International Journal of Machine

Tools and Manufacture, 2014, 76: 34-48.

[31] Mahmudi R, Mehdizadeh M. Surface roughening during uniaxial and equi- biaxial stretching of 70-30 brass sheets[J]. Journal of Materials Processing Technology, 1998, 80-81: 707-712.

[32] Cheng C, Wan M, Meng B, et al. Characterization of the microscale forming limit for metal foils considering free surface roughening and failure mechanism transformation[J]. Journal of Materials Processing Technology, 2019, 272: 111-124.

[33] Bong H J, Barlat F, Lee M G, et al. The forming limit diagram of ferritic stainless steel sheets: experiments and modeling[J]. International Journal of Mechanical Sciences, 2012, 64: 1-10.

[34] Tseng H C, Hung J C, Hung C. Experimental and numerical analysis of titanium/aluminum clad metal sheets in sheet hydroforming[J]. International Journal of Advanced Manufacturing Technology, 2011, 54: 93-111.

第6章 铜/镍复层箔微流道/双极板软模微成形有限元模拟

6.1 引 言

材料塑性加工领域中采用有限元模拟是解决实际问题有效辅助手段，通过有限元模拟软件可以分析塑性成形工艺过程中材料典型区域的塑性变形特点、材料流动规律等。本章利用有限元模拟软件建立了 Cu/Ni 复层箔微流道、双极板构件软模塑性微成形有限元模拟模型，研究 Cu/Ni 复层箔微流道、双极板构件软模塑性微成形过程及其变形规律，探究软模塑性微成形刚、软模模具参数和材料参数等对其成形质量的影响规律及其成形机理，并优化工艺参数指导实验开展。

6.2 有限元模型建立

复层箔软模微成形工艺原理示意图如图 6.1 所示。模具装置主要包括刚性冲头(凸模)、橡胶软模、刚性凹模和软模容框。通过橡胶在刚性冲头压缩作用下发生弹性变形并驱使复层箔向刚性凹模内流动，直至得到与凹模表面轮廓相一致的双极板构件。本章有限元模拟中的 Cu/Ni 复层箔材料本构[1]、橡胶材料参数[2]、接触与单元类型与第 4 章设置相近。在金属微流道、双极板软模塑性微成形有限元模拟中，采 3D 有限元模拟模型，鉴于分析零件结构对称性特点，选取一半模型进行求解运算，Cu/Ni 复层箔和聚氨酯橡胶均选用 C3D8R 单元来求解[3]。

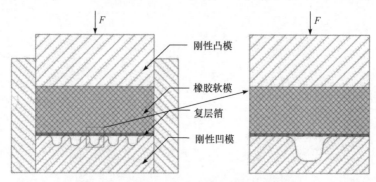

图 6.1 复层箔双极板软模微成形原理示意图

6.3　微流道软模成形有限元分析

6.3.1　微流道软模成形过程

图 6.2 为不同成形载荷下微流道软模微成形过程中的等效应力分布图。微流道软模微成形过程分为两个阶段，第一阶段为预成形阶段，此阶段复层箔在橡胶压力作用下主要发生弯曲和胀形复合变形，复层箔由平面变为弧形，直到复层箔接触到凹模底部为止，如图 6.2(a)和图 6.2(b)所示。第二阶段为直壁和内圆角贴模阶段，此阶段微流道深度不再变化，主要发生直壁部分贴模和两个内圆角的充填变形，如图 6.2(c)和图 6.2(d)所示。

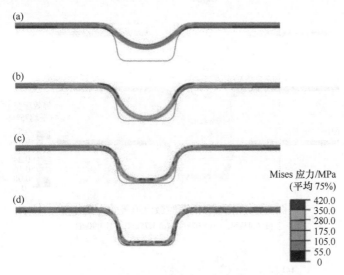

图 6.2　不同成形载荷微流道等效应力分布
(a) 0.45kN；(b) 1.02kN；(c) 1.75kN；(d) 3.90kN

根据微流道结构及变形特点，将其划分为四个区域，如图 6.3 所示。其中外圆角部分为Ⅰ区，直壁部分为Ⅱ区，内圆角部分为Ⅲ区，微流道底部为Ⅳ区。σ_θ 为沿着微流道方向的应力；σ_r 为垂直微流道方向的应力。微流道成形过程中其等效应变分布如图 6.4 所示，微流道各部分受力分析如图 6.5 所示。在微流道成形第一阶段，Ⅰ区主要产生弯曲变形，靠近凹模一侧的 Cu/Ni 复层箔材料受到切向压应力、径向压应力作用；靠近聚氨酯橡胶软模一侧的 Cu/Ni 复层箔材料受到切向拉应力、径向压应力作用。其余三个区域的径向和切向受力状态相近，如图 6.5(a)所示。受橡胶压力作用的Ⅳ区，材料承受双向拉应力作用而产生塑性伸长。而Ⅰ区由于受到凹模流动阻力限制了材料进一步流动，使得Ⅰ区拉应力较大，产生的塑性变形较大，减薄较严重，如图 6.5(a)所示。

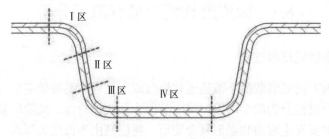

图 6.3　微流道主要变形区不同区域划分

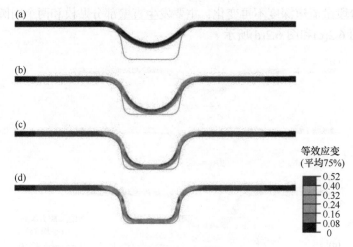

等效应变
(平均75%)
- 0.52
- 0.40
- 0.32
- 0.24
- 0.16
- 0.08
- 0

图 6.4　不同成形载荷时微流道等效应变分布

(a) 0.45kN；(b) 1.02kN；(c) 1.75kN；(d) 3.90kN

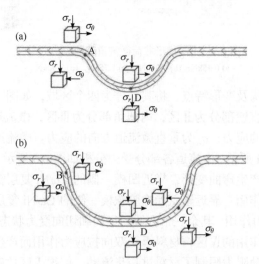

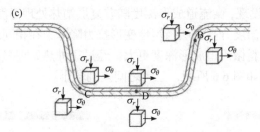

图 6.5　不同阶段微流道典型位置应力分析

(a) 第一阶段；(b) 第二阶段: 凹模底部贴模；(c) 第三阶段: 凹模内圆角贴模

在微流道成形第二阶段，Ⅰ区已经基本完全贴模，Ⅰ区 A 点附近材料由于受到凹模外圆角限制导致其流动困难，而 B 点(靠近直壁部分)附近材料还未贴模，此时微流道塑性变形区主要为Ⅰ区 B 点和其余三个区域。第二阶段，Ⅰ区和Ⅳ区主要受到切向拉应力作用，属于伸长类塑性变形；Ⅱ区和Ⅳ区是主要的变形区，其减薄也是最严重的。此时Ⅲ区主要发生弯曲和伸长复合变形，内层切向受压、外层切向受拉，如图 6.5(b)和如图 6.4(c)所示，总体上来说该区域减薄相对较小。在第三阶段，即成形终了过程中，Ⅱ区和Ⅳ区内外层均受切向拉应力作用，但材料由于受到模具约束作用，流动受到限制，基本不发生塑性变形。Ⅲ区是主要变形区，受拉应力作用，如图 6.5(c)所示，材料厚度减薄，直至最后贴合凹模。

6.3.2　坯料退火温度对微流道成形质量的影响

材料的初始微观组织不同导致其塑性变形抗力和塑性流动能力也不相同，进而影响材料成形工艺以及零件成形质量，本节建立基于上文所构建的复层箔材料本构的微流道软模微成形有限元模型，分析初始微观组织对复层箔微流道软模微成形质量的影响。模具结构选择 M1(表 6.1)，坯料放置方式为 Ni-Cu，得到相同载荷时不同退火温度复层箔微流道的成形深度如表 6.2 所示。

表 6.1　不同深宽比微流道模型主要参数

序号	h/mm	w/mm	h/w	R/mm	r/mm	$\alpha/(°)$
M1	0.6	1.2	0.5	0.3	0.15	10
M5	0.6	0.8	0.75	0.2	0.15	10
M6	0.6	0.6	1	0.15	0.15	10

表 6.2　相同成形载荷时不同退火温度微流道成形深度

退火温度/℃	600	750	850
成形深度/μm	458.4	460.2	462.1

　　由表 6.2 中可发现，微流道成形深度随着复层箔热处理温度升高而略有增加。其原因在于热处理温度升高复层箔塑性变形抗力降低，在相同载荷下，塑性变形抗力低的复层箔材料微流道成形深度更大。经过三种热处理温度制备材料有限元模拟等效应变结果如图 6.6 所示，三者之间差别较小。

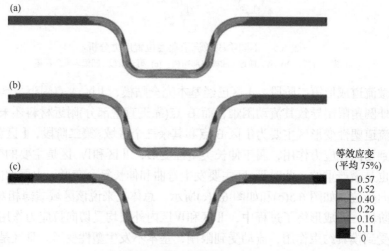

图 6.6　坯料退火温度对微流道等效应变分布影响
(a) 600℃；(b) 750℃；(c) 850℃

　　图 6.7 为不同退火温度的复层箔微流道软模微成形时的壁厚分布图。完全成形时，Ⅰ区和Ⅲ区减薄相对较大，其中Ⅰ区减薄量最大，最大减薄率达到了32.3%，如图 6.7(b)所示。复层箔热处理温度越高，其壁厚最大减薄率越大。从图 6.7(a)可以看出，Ⅲ区减薄明显，Ⅰ区减薄最为严重，说明此时两个区域主要通过自身材料展开成形，其他区域材料贡献较小。

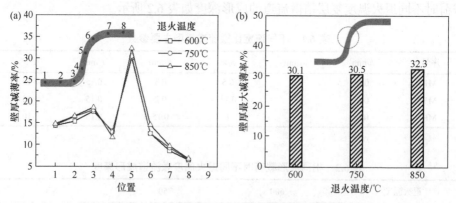

图 6.7　不同坯料退火温度复层箔壁厚分布情况
(a) 壁厚减薄率；(b) 壁厚最大减薄率

6.3.3　微流道深宽比对微流道成形质量的影响

研究了微流道深宽比(h/w=0.5、h/w=0.75、h/w=1，深度 h 均为 0.6mm)对其成形过程及成形质量的影响，模具结构几何参数如表 6.1 所示。实验材料选用 Ni-Cu 放置方式，微流道成形深度如表 6.3 所示，微流道成形应力云图如图 6.8 所示。

表 6.3　成形载荷为 1kN 时微流道成形深度

模具深宽比 h/w	0.5	0.75	1
成形深度/μm	598	304	186

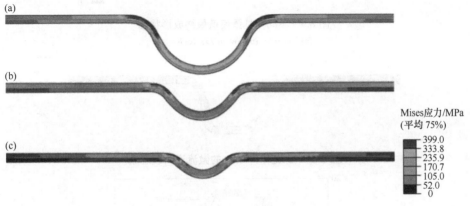

图 6.8　成形载荷为 1kN 时微流道成形情况
(a) h/w=0.5；(b) h/w=0.75；(c) h/w=1

从表 6.3 和图 6.8 中可以看出，成形载荷相同时，微流道成形深度随着微流道宽度增加而增加。当微流道宽度较小时，摩擦尺度效应明显，引起材料塑性流动困难，因此宽度较小的微流道成形深度较小。当深宽比为 0.5 的微流道完全成形时，深宽比为 0.75 和 1 的微流道成形深度还比较小，远未贴合模具底部。从图 6.8 中应力分布中也可以看出，在凹模外圆角附近材料的等效应力相差较小。不同深宽比微流道完全成形终了结果如图 6.9 所示，此时深宽比为 0.5 的微流道已完全贴模，而深宽比为 0.75 和 1 的微流道则因过度减薄而破裂。深宽比为 0.75 的微流道断裂情况如图 6.10 所示。断裂前凹模外圆角附近复层箔内外层等效应力均比较大，且断裂部位具有明显的颈缩现象，如图 6.9(b)、(c)所示。

成形深度为 0.3mm 时，不同深宽比微流道壁厚分布情况如图 6.11 所示。微流道最大减薄处为凹模外圆角附近，此处复层箔在橡胶和凹模外圆角耦合作用下产生弯曲和拉伸复合变形，导致复层箔壁厚减薄最为严重。当微流道成形深度相同时，深宽比为 1 的微流道壁厚减薄量最大。微流道深宽比越大或宽度越小，材料流动困难，减薄越严重。

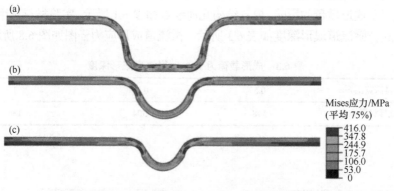

图 6.9　不同模具微流道最终成形状态

(a) h/w=0.5；(b) h/w=0.75；(c) h/w=1

图 6.10　深宽比为 0.75 的微流道断裂现象

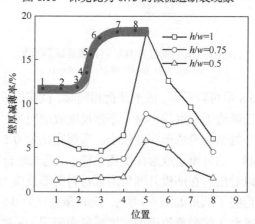

图 6.11　成形深度为 0.3mm 时的微流道壁厚减薄率

6.4　本章小结

本章通过有限元模拟研究了微流道软模微成形过程及其影响规律，分析了模具参数和材料参数对微流道软模微成形质量的影响。主要得出如下结论：

(1) 基于所构建的 Cu/Ni 复层箔材料本构，建立了微流道软模微成形有限仿真模型。微流道成形一般分为三个阶段：第一阶段凹模外圆角部位主要发生弯曲变形，其减薄量也是最大的，微流道底部主要发生拉伸变形；第二阶段为微流道底部凹模内圆角部分贴模阶段；第三阶段主要发生胀形变形，减薄量较大。

(2) 微流道成形质量受复层箔热处理温度影响，复层箔热处理温度越高，相同成形条件下，微流道成形深度越大，减薄量越大。当微流道深宽比为 0.5 时，微流道成形深度最大。

(3) Cu/Ni 复层箔双极板软模微成形有限元模拟结果指出，双极板直流道部位变形最容易，而圆弧部位其塑性变形较困难。微流道成形深度和壁厚减薄情况根据位置不同而有所不同，其中微流道脊部圆弧处变形最困难，壁厚减薄也更严重。

参 考 文 献

[1] 耿芳芳. 铜/镍复层箔微拉伸塑性变形行为研究[D]. 哈尔滨: 哈尔滨工业大学, 2017.

[2] 王伟, 邓涛, 赵树高. 橡胶 Mooney-Rivlin 模型中材料常数的确定[J]. 特种橡胶制品, 2004, 25(4): 8-10.

[3] 薛韶曦. 铜/镍复层箔双极板软模微成形机理及工艺研究[D]. 哈尔滨: 哈尔滨工业大学, 2018.

第7章 铜/镍复层箔微流道软模微成形工艺研究

7.1 引　言

介观尺度下，材料由于比表面积急剧增大而导致性能变异，并出现具有材料特征尺寸依赖性的"尺度效应"现象。随着零件特征尺寸降低，由于配合精度要求越来越高导致微型刚性凸模、凹模制造更加困难，传统刚模微成形工艺已不能很好满足产品制造的要求。软模微成形技术具有模具制造成本低，凸、凹模配合精度要求较低，可降低变形回弹，提高壁厚均匀性高等优势。本章通过微流道软模微成形实验，研究工艺参数、材料参数以及模具结构参数等对复层箔微流道成形过程的影响规律，探究复层箔微流道软模微成形质量控制措施，为复层箔双极板可控制造提供研究基础。

7.2　实验材料及方案

7.2.1　实验材料及热处理

实验材料选用 Cu/Ni 复层箔(厚度为 100μm，铜：镍厚度比例为 1.25：1)。实验采用的试样为正方形结构，其边长为 20mm，圆角半径为 3mm。采用电火花线切割加工箔材试样，加工后的实验试样如图 7.1 所示。

图 7.1　试样结构尺寸

轧制复合制备的 Cu/Ni 复层箔内部存在较大的残余应力,塑性变形能力较弱。

采用真空热处理工艺消除原始 Cu/Ni 复层箔加工硬化，改善组织均匀性和提高 Cu/Ni 复层箔塑性变形能力。热处理制度为 600℃、750℃ 和 850℃，保温时间为 1h，空冷。不同热处理制度下 Cu/Ni 复层箔基体表面微观组织如图 7.2 所示，获得的各组元晶粒尺寸及其厚度如表 7.1 所示。

图 7.2　不同退火处理坯料沿轧制方向微观组织

(a) 600℃,Cu；(b) 600℃,Ni；(c) 750℃,Cu；(d) 750℃,Ni；(e) 850℃,Cu；(f) 850℃,Ni

表 7.1　不同退火处理下坯料各层的晶粒尺寸和厚度

实验参数	750℃	850℃
铜层晶粒尺寸/μm	56.4	62.7
镍层晶粒尺寸/μm	17.9	22.9
铜层厚度/μm	47.2	44.9
界面层厚度/μm	13.2	16.7
镍层厚度/μm	41.6	40.4

7.2.2 实验方案

1. 实验平台

本实验采用 50kN 万能材料实验机，如图 7.3(a)所示。实验装置如图 7.3(b)所示，包括模座、冲头、凹模、聚氨酯橡胶软模、顶杆等。实验时将凹模、Cu/Ni 复层箔、聚氨酯橡胶软模和冲头先后放入模座容腔中，然后通过压力机压头对模具冲头施加压力完成实验。

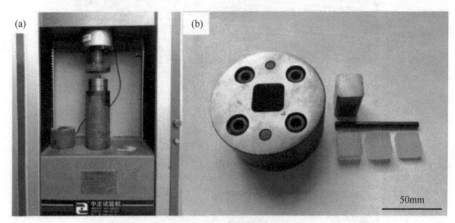

图 7.3　实验平台

(a) 实验中采用的压力机；(b) 实验装置零件图

2. 微流道成形凹模

为了研究凹模表面粗糙度对 Cu/Ni 复层箔微流道成形过程和成形质量的影响，加工了三个表面粗糙度不同、微结构特征相同的凹模：D1(R_a=0.2μm)、D2(R_a=0.8μm)和 D3(R_a=1.6μm)。D1 模具 A 处截面轮廓如图 7.4(b)所示，主要几何尺寸如表 7.2 所示。

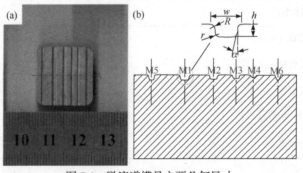

图 7.4　微流道模具主要几何尺寸

(a) 微流道成形凹模；(b) 截面主要结构

表 7.2　模具结构主要几何尺寸

微流道号码	h/mm	w/mm	h/w	R/mm	r/mm	α/(°)
M1	0.6	1.2	0.5	0.3	0.15	10
M2	0.5	1.0	0.5	0.25	0.15	10
M3	0.4	0.8	0.5	0.20	0.15	10
M4	0.3	0.6	0.5	0.15	0.15	10
M5	0.6	0.8	0.75	0.15	0.15	10
M6	0.6	0.6	1	0.15	0.15	10

3. 微流道实验参数

本实验所采用的参数如表 7.3 所示。通过光学数码显微镜对微流道构件轮廓进行观察，并测量其成形深度、表面粗糙度及壁厚减薄等，探究材料参数、模具参数及工艺参数等对其成形质量的影响规律。

表 7.3　微流道成形实验参数

实验参数	具体参数
成形载荷/kN	5，10，20，30，40
橡胶厚度/mm	5，9，10
模具粗糙度 R_a/μm	0.2，0.8，1.6
退火温度/℃	600，750，850
箔材放置方式	Cu-Ni，Ni-Cu
凹模宽度/mm	0.6，0.8，1.0，1.2

4. 双极板成形凹模

质子交换膜燃料电池金属双极板包含大量的微型流道，微流道结构尺寸是影响质子交换膜燃料电池性能的主要因素之一。本章选用蛇形微流道特征对 Cu/Ni 复层箔双极板软模微成形工艺进行研究。双极板蛇形微流道成形凹模(D4)结构如图 7.5 所示，凹模主要几何特征参数如表 7.4 所示，蛇形微流道宽度为 0.8mm，深度为 0.4mm，侧壁单侧倾斜角为 10°，微流道间距为 2.4mm，凹模表面粗糙度为 R_a=0.2μm。

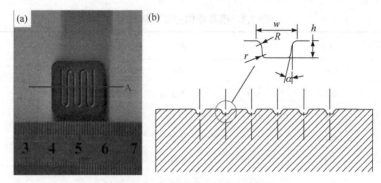

图 7.5　蛇形流道成形凹模结构

(a) 蛇形流道成形凹模；(b) 截面主要结构

表 7.4　蛇形流道凹模主要特征参数

模具	h/mm	w/mm	h/w	R/mm	r/mm	α/(°)
D4	0.4	0.8	0.5	0.20	0.15	10

5. 双极板实验参数

双极板软模微成形实验参数如表 7.5 所示。

表 7.5　双极板软模微成形实验参数

实验参数	具体参数
成形载荷/kN	5, 10, 15, 20, 30, 40
润滑条件	无润滑，油润滑，PE 薄膜润滑
退火温度/℃	600, 750, 850
箔材放置方式	Cu-Ni, Ni-Cu
保压时间/min	0, 5, 10

6. 双极板成形质量评价

1) 成形深度

选用光学数码显微镜测量软模微成形双极板构件的成形深度，如图 7.6 所示。

2) 表面粗糙度

采用光学数码显微镜测量微流道底部表面粗糙度值。

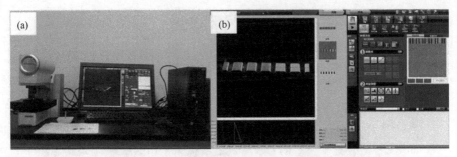

图 7.6　(a)光学数码显微镜和(b)相应软件界面

3) 壁厚和微观组织

经过镶样、研磨、机械抛光以及腐蚀等程序制备试样，通过光学数码显微镜观察、测量双极板构件壁厚分布及其微观组织。腐蚀液的配方如表 7.6 所示，先腐蚀镍层，再腐蚀铜层。

表 7.6　厚度方向微观组织腐蚀参数

材料	腐蚀液配方	腐蚀方法	腐蚀时间/s
镍层	硝酸：乙酸=1∶1	擦拭	3～4
铜层	氨水：双氧水=1∶1	浸泡	20～30

7.3　成形载荷对微流道成形质量的影响

本节通过分析成形载荷对微流道成形深度的影响，研究 Cu/Ni 复层箔微流道软模微成形过程中塑性变形特点。实验选择采用模具 D1(R_a=0.2μm)结构，其邵氏硬度为 65HA，聚氨酯橡胶厚度为 10mm，实验材料为退火温度 700℃ 的 Ni-Cu 复层箔，成形载荷为 5～40kN。获得的微流道构件如图 7.7 所示。

微流道零件 M1 处截面形状轮廓和成形深度如图 7.8 所示。随着成形载荷的增加，微流道深度不断增加。在成形载荷低于 30kN 之前，M1 处 Cu/Ni 复层箔主要由平面变成弧形，除凹模外圆角部位外其余部分并未发生完全贴模。当成形载荷达到 20kN 时，M1 处 Cu/Ni 复层箔接触凹模底部，如图 7.9(d)所示，此时，凹模外圆角部分减薄最大；当载荷达到 40kN 时，M1 处 Cu/Ni 复层箔开始充填凹模底部和内圆角，直到完全贴模，如图 7.9(f)所示。

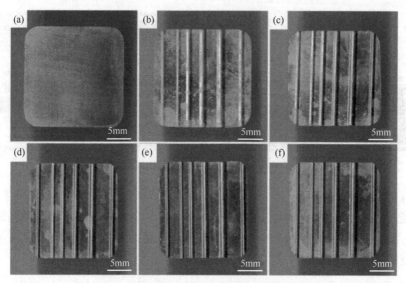

图 7.7　不同成形载荷时微流道背面实物图

(a) 0kN；(b) 5kN；(c) 10kN；(d) 20kN；(e) 30kN；(f) 40kN

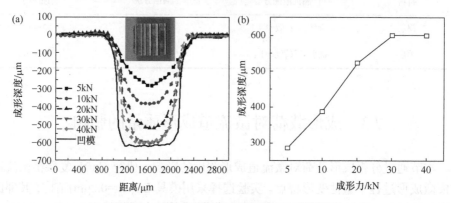

图 7.8　不同成形载荷时微流道 M1 成形深度

(a) 截面轮廓；(b) 成形深度

　　金属双极板表面质量的好坏直接影响其使用性能，其表面质量也是微成形工艺重点考察的关键指标。选取 Cu/Ni 复层箔微流道底部外侧区域进行表面质量分析。图 7.10 和图 7.11 分别为不同成形载荷时 Cu/Ni 复层箔微流道底部外侧表面线粗糙度值(三个特征位置的平均值)和相对应的表面形貌。Cu/Ni 复层箔微流道表面粗糙度随着成形载荷增大出现先增加后降低的现象，在未贴模之前，随着成形载荷增加，塑性变形程度增大，表面晶粒转动量加剧，导致表面粗糙逐渐增加。当贴合模具后，表面粗化后的表面在模具压力作用下被压平，出现表面粗糙度随着载荷增加反而降低的现象。

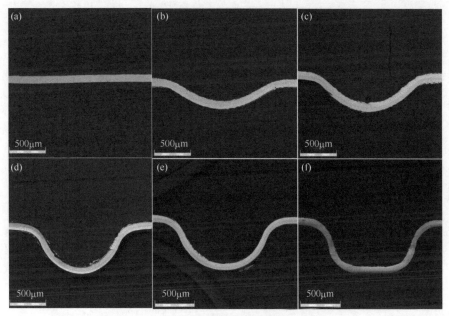

图 7.9　不同成形载荷时微流道 M1 横截面

(a) 0kN；(b) 5kN；(c) 10kN；(d) 20kN；(e) 30kN；(f) 40kN

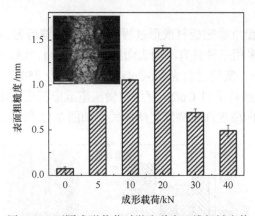

图 7.10　不同成形载荷时微流道表面线粗糙度值

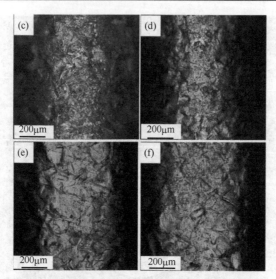

图 7.11　不同成形载荷时微流道表面形貌

(a) 0kN；(b) 5kN；(c) 10kN；(d) 20kN；(e) 30kN；(f) 40kN

7.4　凹模表面粗糙度对微流道成形质量的影响

模具的表面粗糙度影响板材成形过程中的界面摩擦行为，进而影响材料的塑性变形流动能力。采用三种具有不同表面粗糙度(0.2μm、0.8μm 和 1.6μm)的模具，在成形载荷为 20kN、实验材料为 Ni-Cu(热处理温度为 750℃、保温时间为 1h)和橡胶厚度为 10mm 条件下对 Cu/Ni 复层箔微流道成形深度的影响。Cu/Ni 复层箔微流道成形深度与凹模表面粗糙度之间的关系如图 7.12 所示。微流道凹模表面粗

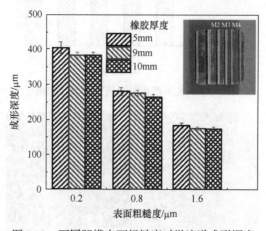

图 7.12　不同凹模表面粗糙度时微流道成形深度

糙度越大，成形过程中 Cu/Ni 复层箔与凹模表面接触摩擦力越大，越不利于微流道结构成形，导致微流道成形深度越小。同时还会引起变形不均匀分布的影响，导致微流道局部减薄过大，甚至出现开裂等问题，如图 7.13 所示。

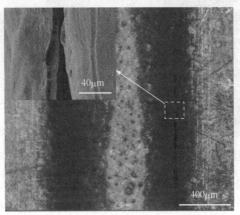

图 7.13　R_a =1.6μm 时微流道 M1 破裂情况

7.5　橡胶厚度对微流道成形质量的影响

　　本节研究模具为 D1(R_a =0.2μm)、成形载荷为 30kN、实验材料为 Ni-Cu(热处理温度为 750℃、保温时间为 1h)、橡胶硬度为 65HA 条件下橡胶厚度(5mm、9mm 和 10mm)对复层箔微流道成形深度的影响。Cu/Ni 复层箔微流道成形构件的三维轮廓如图 7.14 所示，Cu/Ni 复层箔微流道成形深度的测量示意图如图 7.15 所示。图 7.16 为 Cu/Ni 复层箔微流道成形深度与聚氨酯橡胶厚度之间的关系图。聚氨酯橡胶厚度对 Cu/Ni 复层箔微流道构件成形深度的影响相对较小，几乎可以忽略。橡胶厚度对其成形深度的影响随着微流道宽度增大而逐渐减小。当橡胶厚度增加时，在微流道成形过程中，增加了橡胶纵向变形流动能力，进而有利于微流道的

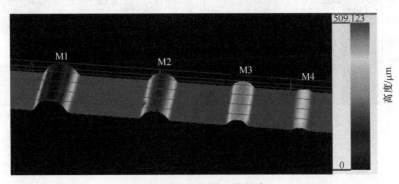

图 7.14　微流道三维轮廓

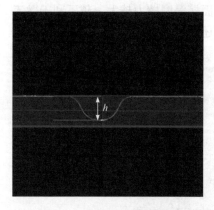

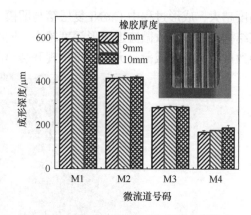

图 7.15　成形深度测量位置　　　　　图 7.16　不同橡胶厚度时微流道成形深度

成形, 微流道成形深度也会随之增加。反之, 当橡胶厚度较小时, 橡胶纵向变形流动能力减弱, 导致材料流动困难, 因而微流道成形深度降低。

7.6　坯料退火温度对微流道成形质量的影响

7.6.1　坯料退火温度对成形深度的影响

实验选择三种热处理制度(退火温度为 600℃、750℃和 850℃, 保温时间为 1h)下获得的 Cu/Ni 复层箔材料和 D1 模具, 在成形载荷 20kN、聚氨酯橡胶厚度 10mm、坯料放置方式 Cu-Ni 和 Ni-Cu 的条件下开展微流道软模微成形工艺实验。Cu/Ni 复层箔微流道成形深度与材料热处理温度之间的关系如图 7.17 所示。两种

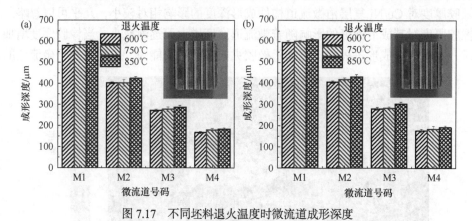

图 7.17　不同坯料退火温度时微流道成形深度

(a) Cu-Ni; (b) Ni-Cu

坯料放置方式下，Cu/Ni 复层箔微流道成形深度随着坯料退火温度增加而增加。因为随着 Cu/Ni 复层箔退火温度的升高，其流动应力逐渐降低，其他成形条件相同时，材料流动应力越低，其成形深度越大。

坯料放置方式影响其成形深度的波动性，Cu-Ni 放置方式相比于 Ni-Cu 放置方式产生成形深度波动性更大。Cu/Ni 复层箔微流道在成形过程中，在完全贴模时类似弯曲变形，其外层受拉应力作用变形程度大，内层变形程度小。坯料放置方式为 Cu-Ni，Cu/Ni 复层箔在热处理温度为 600℃时，镍层厚向有 3～4 个晶粒(如图 7.18(a)所示)，而在热处理温度为 750℃ 和 850℃ 时其镍层厚向仅有 1～2 个晶粒(如图 7.18(b)和(c)所示)，此时参与塑性变形的晶粒数量较少，变形不均匀性增大，因此 Cu/Ni 复层箔微流道成形深度波动较大。而铜层厚向在三种热处理温度下都仅有 1～2 个晶粒，热处理温度对坯料放置方式为 Ni-Cu 复层箔成形深度的影响较小。

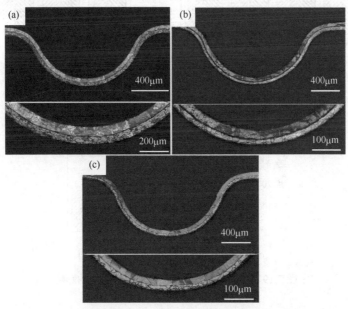

图 7.18　不同坯料退火温度时微流道厚度方向微观组织
(a) 600℃；(b) 750℃；(c) 850℃

Cu/Ni 复层箔材料的放置方式对微流道成形深度的影响较小，可能和 Cu/Ni 复层箔各组元材料的力学性能差异较小有关。Cu/Ni 复层箔微流道成形深度和坯料放置方式之间的关系如图 7.19 所示。坯料放置方式为 Ni-Cu 时的微流道成形深度较坯料放置方式为 Cu-Ni 时成形深度大。图 7.20 是 Cu/Ni 复层箔微流道成形深度为 200μm 时，不同坯料放置方式下微流道成形过程中等效塑性应变分布模拟结果。Ⅱ区、Ⅲ区、Ⅳ区附近材料在微流道成形初始阶段，内层的等效应变很小，而外层材料变形程度最大，为主要变形区。由于纯铜塑性变形过程中的加工硬化率低于纯镍[1,2]，且在相同应变条件下纯铜的流动应力低于纯镍流动应力，较低的流动应力使得当铜在外侧时其成形深度更大。当微流道成形过程中铜处于外侧，其塑性应变大于内层镍的塑性应变，外侧铜层在内侧镍层上施加额外切向拉应力，两者发生协调变形。反之，外侧镍层塑性应变大于内侧铜层。

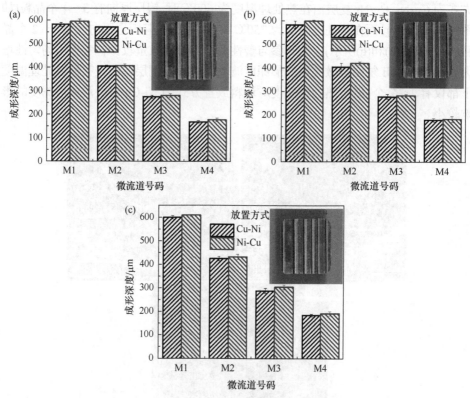

图 7.19　不同放置方式对微流道成形深度的影响
(a) 600℃；(b) 750℃；(c) 850℃

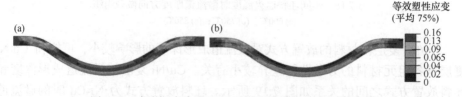

图 7.20　成形深度为 200μm 时微流道等效塑性应变分布
(a) Cu-Ni；(b) Ni-Cu

7.6.2　坯料退火温度对壁厚分布的影响

在板材塑性加工过程中,不均匀塑性变形是导致其局部减薄严重的主要因素。Cu/Ni 复层箔微流道构件厚向截面如图 7.21 所示。

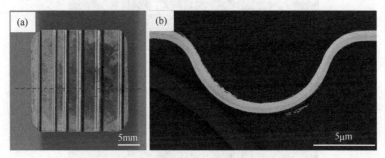

图 7.21　Cu/Ni 复层箔微流道厚向截面
(a) 剖切位置; (b) 微流道 M1 厚向截面

壁厚减薄率反映了材料变形前后厚度减薄程度。为了便于分析微流道不同区域壁厚减薄情况,引入壁厚减薄率参数,其计算方法如式(7-1)所示。

$$T = \frac{t_0 - t_1}{t_0} \times 100\% \tag{7-1}$$

式中,T 为壁厚减薄率; t_0 为原始壁厚; t_1 为变形后的壁厚。

局部微观组织分布、应力应变状态、变形方式等对其塑性变形均匀性产生重要影响。选择壁厚减薄率平均值及其方差作为评价其壁厚均匀性的指标,方差值越大,壁厚分布越不均匀。图 7.22 和图 7.23 分别为 Cu/Ni 复层箔微流道M1 厚向截面和对应的壁厚减薄率。凹模外圆角附近材料因其同时承受拉伸和弯曲复合变形导致其壁厚减薄率最大。图 7.24 和图 7.25 分别为 Cu/Ni 复层箔微流道 M1 完全成形时厚向截面图及其对应的壁厚减薄率分布情况。Cu/Ni 复层箔微流道完全成形时,除凹模外圆角附近材料壁厚减薄比较严重外,凹模内圆角附近材料壁厚减薄也比较明显。Cu/Ni 复层箔微流道 M1 的壁厚平均减薄率及其方差如图 7.26 所示。凹模内外圆角处材料受力状态分析如图 7.27 所示。

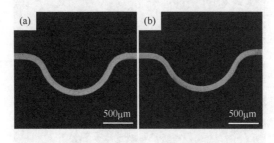

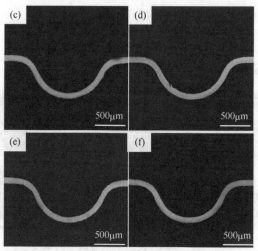

图 7.22　不同退火处理微流道 M1 厚向截面

(a) 600℃，Ni-Cu；(b) 600℃，Cu-Ni；(c) 750℃，Ni-Cu；(d) 750℃，Cu-Ni；(e) 850℃，Ni-Cu；(f) 850℃，Cu-Ni

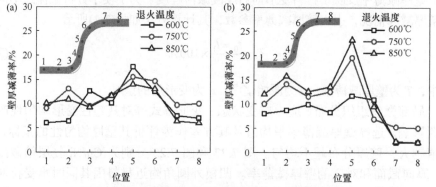

图 7.23　成形载荷为 20kN 时微流道 M1 壁厚减薄情况

(a) Cu-Ni；(b) Ni-Cu

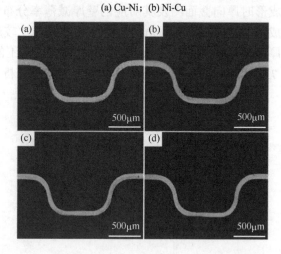

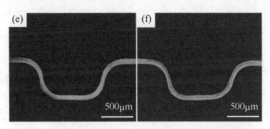

图 7.24　微流道 M1 完全成形时厚向截面

(a) 600℃，Ni-Cu；(b) 600℃，Cu-Ni；(c) 750℃，Ni-Cu；(d) 750℃，Cu-Ni；(e) 850℃，Ni-Cu；(f) 850℃，Cu-Ni

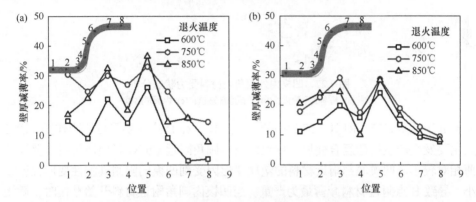

图 7.25　微流道 M1 完全成形时壁厚减薄情况

(a) Cu-Ni；(b) Ni-Cu

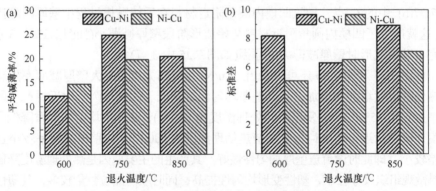

图 7.26　微流道 M1 完全成形时壁厚分布均匀性

(a) 平均减薄率；(b) 标准差

初始成形阶段，Cu/Ni 复层箔微流道在凹模外圆角附近其材料主要受拉弯变形作用，如图 7.27 (a)中的 A 点，拉弯复合应力状态作用下其壁厚减薄比较明显，其他部分壁厚减薄相对较小。成形终了阶段，凹模外圆角附近 Cu/Ni 复层箔材料已完全贴模，此时 Cu/Ni 复层箔所受的摩擦力比较大，Cu/Ni 复层箔材料流动困难，导致其塑性变形困难。同时靠近凹模外圆角附近的直壁部分，Cu/Ni 复层箔

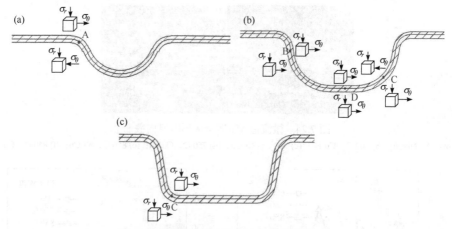

图 7.27　凹模内外圆角处材料受力状态分析
(a) 基本成形阶段；(b) 凹模底部贴模；(c) 内圆角贴模

材料处于悬空状态，即图 7.27(b) 中的 B 点。B 点和 D 点主要受拉应力作用，而 C 点主要发生产生拉弯复合变形，导致凹模内圆角附近 Cu/Ni 复层箔材料的壁厚减薄相对较小。凹模底部附近材料的塑性变形因受到凹模的限制其塑性变形程度较小，导致 B 点附近材料减薄最为严重。当凹模内圆角附近材料开始贴模时，微流道直壁和凹模底都已经完全贴模，后续由于受摩擦力影响及其塑性变形较小，凹模内圆角附近材料的贴模主要依赖自身材料的展宽和壁厚减薄来实现，如图 7.27(b) 中的 C 点，导致凹模内圆角附近材料在后续贴模过程中壁厚减薄比较大。这就产生了凹模内圆角附近材料初始成形阶段壁厚减薄小(如图 7.23 中 3 点)，而完全贴模成形时壁厚减薄大的原因(如图 7.25 中 3 点)。

　　由图 7.25 和图 7.26 还可以看出，Cu/Ni 复层箔微流道最大壁厚减薄率随着坯料热处理温度增加而增加，且其壁厚均匀性也降低。凹模外圆角附近材料壁厚减薄率达到了 35%(Cu-Ni 复层箔热处理温度为 850℃)，壁厚不均匀性严重降低。而凹模外圆角附近材料(Ni-Cu 复层箔热处理温度为 600℃)平均壁厚减薄率较小且标准差较小，即此时微流道壁厚均匀性最好。其产生的主要原因是热处理温度降低，材料微观组织尺寸较小，塑性变形均匀性提高，同时厚向晶粒数量较多，其塑性变形协调性较好。Cu/Ni 复层箔微流道厚向微观组织分布如图 7.24 所示，热处理温度为 600℃时的铜层和镍层晶粒尺寸均较为细小均匀，而当热处理温度达到 750℃和 850℃时，铜层和镍层厚向仅有 1～2 个晶粒，且晶粒大小不均匀性较大。

　　图 7.28 为 Cu/Ni 复层箔 M1 微流道壁厚减薄与材料放置方式之间关系图。微流道壁厚减薄情况与 Cu/Ni 复层箔放置方式有关。当采用 Cu/Ni 复层箔坯料放置方式为 Ni-Cu 时，其凹模外圆角和内圆角附近材料的壁厚减薄都相对于 Cu-Ni 放置方式要小一些。图 7.29 所示不同坯料放置方式的 Cu/Ni 复层箔 M1 微流道内圆

角附近材料等效应变分布模拟结果也印证了上述实验结果。

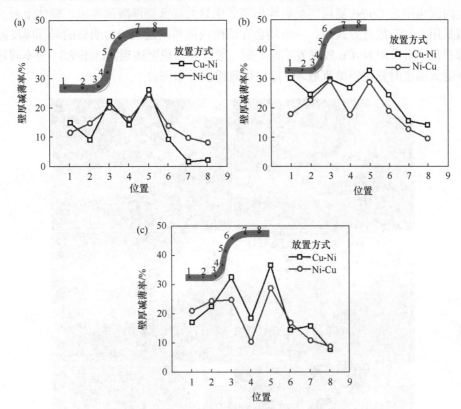

图 7.28　不同放置方式时微流道 M1 壁厚减薄情况

(a) 600℃；(b) 750℃；(c) 850℃

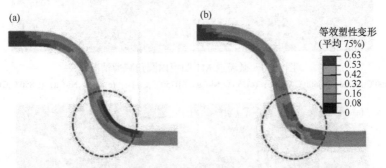

图 7.29　坯料退火温度为 750℃ 时微流道 M1 内圆角减薄情况

(a) Ni-Cu；(b) Cu-Ni

　　图 7.30 为 Cu/Ni 复层箔微流道 M1 凹模内圆角附近材料的壁厚轮廓照片。当采用热处理温度为 600℃的坯料时，凹模内圆角附近外侧 Cu/Ni 复层箔没有出现

明显的局部减薄情况。而采用热处理温度为750℃或850℃的Cu/Ni复层箔时，凹模内圆角附近Cu/Ni复层箔材料均出现了明显的局部壁厚减薄现象。整体上看，当采用Cu-Ni放置方式时，一般均会在凹模内圆角附近现较为明显的局部厚度减薄现象。而采用Ni-Cu放置方式时，则一般不会出现上述现象。图7.31为不同坯料退火温度时复层箔微流道M1厚向微观组织分布图。

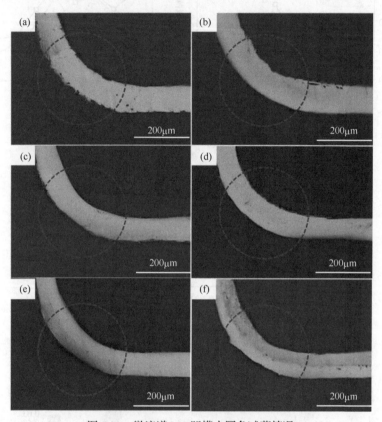

图7.30　微流道M1凹模内圆角减薄情况

(a)600℃,Ni-Cu；(b)600℃,Cu-Ni；(c)750℃,Ni-Cu；(d)750℃,Cu-Ni；(e)850℃,Ni-Cu；(f)850℃,Cu-Ni

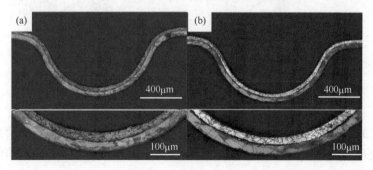

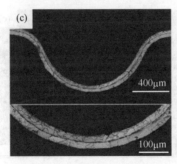

图 7.31 不同坯料退火温度时微流道 M1 厚向微观组织
(a)600℃；(b)750℃；(c)850℃

7.6.3 坯料退火温度对表面粗糙度的影响

图 7.32 和图 7.33 分别为 Cu/Ni 复层箔微流道 M1 中间成形阶段和微流道底部贴模阶段时微流道的表面形貌图。Cu/Ni 复层箔微流道表面有比较明显的凹坑，且凹坑随着坯料热处理温度的增加逐渐变大。图 7.34 为 Cu/Ni 复层箔微流道表面粗糙度与材料初始微观组织之间的关系图。Cu/Ni 复层箔微流道表面粗糙度随着坯料热处理温度的增加而逐渐增加。热处理温度越高，材料的微观组织越粗化，塑性变形过程中零件表面粗化越严重，表面粗化一般与变形程度和晶粒呈正比例关系。在微流道底部贴模后，在凹模底部和橡胶软模压力耦合作用下 Cu/Ni 复层箔微流道表面被压平，已经表面粗化的表面被再次压平，因此表面粗糙度大大降低，此时坯料初始微观组织对其表面粗糙度的影响消失。

图 7.35 为 Cu/Ni 复层箔微流道未完全成形时其厚向微观组织分布图。Cu/Ni 复层箔微流道外侧轮廓凸凹程度随着初始坯料热处理温度的增加而增加。当初始坯料的热处理温度为 600℃时，Cu/Ni 复层箔微流道外侧轮廓比较平滑，而当初始坯料热处理温度为 850℃时，Cu/Ni 复层箔微流道外侧轮廓凹坑较多且比较深。

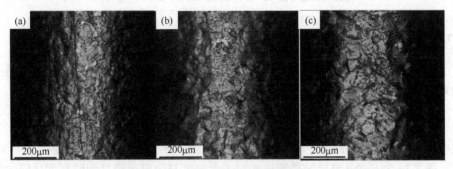

图 7.32 不同坯料退火温度时未完全成形微流道 M1 表面形貌图
(a)600℃；(b)750℃；(c)850℃

图 7.33　不同坯料退火温度时完全成形微流道 M1 表面形貌

(a)600℃；(b)750℃；(c)850℃

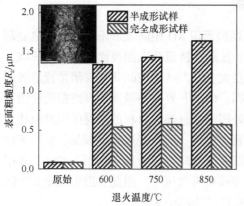

图 7.34　不同坯料退火温度时微流道 M1 线粗　　图 7.35　不同坯料退火温度时微流道 M1 未
　　　　糙度　　　　　　　　　　　　　　　　　　　　完全成形底部轮廓

(a) 600℃；(b) 750℃；(c) 850℃

7.7　微流道宽度对微流道成形质量的影响

7.7.1　微流道宽度对成形深度的影响

引入微流道成形深度与微流道模具深度之比作为相对成形深度的参数，通过相对成形深度评价其成形质量，计算公式如式(7-2)所示。

$$Y = \frac{h}{H} \tag{7-2}$$

式中，Y 为相对成形深度；h 为微流道成形深度；H 为微流道模具深度。

图 7.36 为 Cu/Ni 复层箔微流道相对成形深度与微流道模具型腔宽度之间的关系图。Cu/Ni 复层箔微流道相对成形深度随着微流道模具型腔宽度的减小而明显

降低。如图 7.36(a)所示，坯料热处理温度为 600℃的 Cu-Ni 复层箔，微流道 M1
相对成形深度达到 0.96，接近完全贴模成形，而微流道 M2、M3 和 M4 相对成形
深度分别仅为 0.81、0.58 和 0.56。微流道模具型腔宽度的减小，导致材料在凹模
内部流动受到的流动阻力增加，材料塑性变形难度加大。同时由于微流道模具型
腔宽度的减小，参与塑性变形的晶粒数量降低，晶粒之间的协调变形能力下降，
导致变形抗力进一步增加，材料塑性变形流动阻力进一步上升。因此，微流道模
腔宽度的减小引起了材料变形强化和摩擦阻力约束的耦合限制，导致型腔尺寸越
小其成形深度越小。

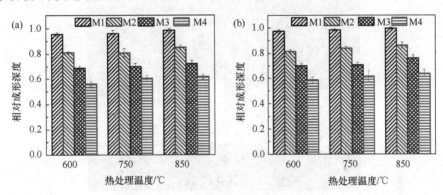

图 7.36　不同微流道宽度相对成形深度
(a) Cu-Ni；(b) Ni-Cu

7.7.2　微流道宽度对壁厚分布的影响

　　微流道模具型腔宽度不仅影响其成形深度还对其壁厚减薄产生较大影响。
图 7.37 和图 7.38 分别为热处理温度为 600℃的坯料在成形载荷为 20kN 时 Cu/Ni
复层箔微流道厚向截面及其壁厚分布情况与微流道模具型腔宽度之间的关系。无
论微流道模具型腔宽度如何变化，凹模外圆角附近材料壁厚减薄量都是最大的，尤
其是在微流道模具型腔宽度为 0.6mm 时，Cu/Ni 复层箔微流道成形深度仅达到
168μm，此时凹模外圆角附近材料的壁厚减薄量已大于微流道模具型腔宽度为
1.2mm 时的凹模外圆角附近材料的最大减薄量。微流道模具型腔宽度越小其对塑性
变形约束越大，导致凹模外圆角附近材料壁厚减薄就越大。图 7.39 为热处理温度
为 600℃ 的坯料在成形载荷为 40kN 时成形的 Cu/Ni 复层箔微流道厚向截面图。
　　图 7.40 为 Cu/Ni 复层箔微流道壁厚减薄分布情况与坯料热处理温度之间的关
系图。凹模内外圆角附近材料壁厚减薄较大，且凹模外圆角附近材料壁厚减薄更
大。随着微流道模具型腔宽度的减小，凹模外圆角附近材料壁厚减薄率急剧增加。
当微流道模具型腔宽度为 0.8mm 和 0.6mm 时，凹模外圆角附近材料壁厚减薄率
甚至达到了 50%，并且在凹模外圆角附近还出现了明显的局部颈缩，如图 7.39(e)、

(f)、(h)所示。微流道模具型腔宽度的减小导致其凹模外圆角附近 Cu/Ni 复层箔材料壁厚减薄最严重的原因在于：虽然凹模型腔宽度减小，但 Cu/Ni 复层箔厚度不变，凹模外圆角尺寸的减小导致该部分材料过早贴模，致使后续变形该部分摩擦阻力变大，Cu/Ni 复层箔流动异常困难。同时除了凹模 I 区外其他区域的 Cu/Ni 复层箔变形相对较小，致使这些区域的变形过度依赖 5 点部分材料的补料，导致 5 点位置材料减薄最严重。

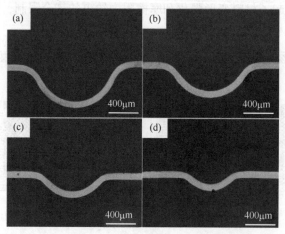

图 7.37　坯料退火温度为 600℃时不同微流道宽度时零件厚向截面
(a) M1；(b) M2；(c) M3；(d) M4

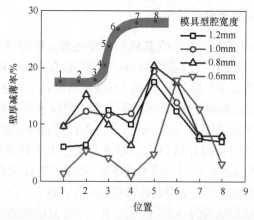

图 7.38　坯料退火温度为 600℃时不同模具型腔宽度时零件壁厚减薄情况

图 7.41、图 7.42 和图 7.43 所示分别为在微流道 M2、M3 和 M4 得到的 Cu/Ni 复层箔厚向微观组织照片。当原始坯料热处理温度为 600℃时，镍层微观组织尺寸细小且均匀，而铜层晶粒尺寸较大，其变形协调能力较差。当凹模型腔宽度降低时，坯料放置方式为 Cu-Ni 的情况下其壁厚减薄低于坯料放置方式为 Ni-Cu 的

情况。当原始坯料热处理温度达到 750℃或 850℃时，相对于坯料放置方式为 Cu-Ni 的情况，坯料放置方式为 Ni-Cu 的情况下 Cu/Ni 复层箔微流道壁厚减薄更小。

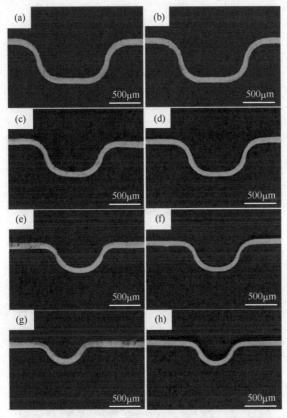

图 7.39　成形载荷为 40kN，坯料热处理温度为 600℃时的微流道厚向截面

(a) M1，Cu-Ni；(b) M1，Ni-Cu；(c) M2，Cu-Ni；(d) M2，Ni-Cu；(e) M3，Cu-Ni；(f) M3，Ni-Cu；(g) M4，Cu-Ni；(h) M4，Ni-Cu

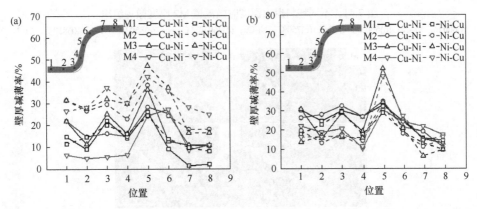

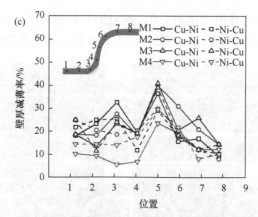

图 7.40　不同坯料退火温度时壁厚分布情况

(a) 600℃；(b) 750℃；(c) 850℃

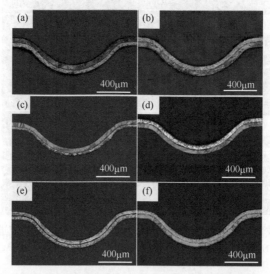

图 7.41　不同坯料退火温度时微流道 M2 厚度微观组织

(a)600℃，Ni-Cu；(b)600℃，Cu-Ni；(c)750℃，Ni-Cu；(d)750℃，Cu-Ni；(e)850℃，Ni-Cu；(f)850℃，Cu-Ni

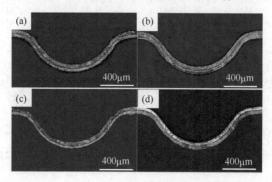

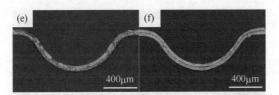

图 7.42　不同坯料退火温度时微流道 M3 厚度微观组织

(a)600℃，Ni-Cu；(b)600℃，Cu-Ni；(c)750℃，Ni-Cu；(d)750℃，Cu-Ni；(e)850℃，Ni-Cu；(f)850℃，Cu-Ni

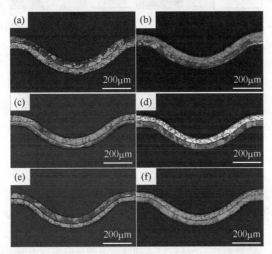

图 7.43　不同坯料退火温度时微流道 M4 厚度微观组织

(a)600℃，Ni-Cu；(b)600℃，Cu-Ni；(c)750℃，Ni-Cu；(d)750℃，Cu-Ni；(e)850℃，Ni-Cu；(f)850℃，Cu-Ni

7.7.3　微流道宽度对表面粗糙度的影响

图 7.44 为不同微流道模具型腔宽度下获得的 Cu/Ni 复层箔微流道表面形貌图。其响应的表面粗糙度值如图 7.45 所示。微流道构件底部外侧的表面形貌随着微流道模具型腔宽度的增加而不断粗化。其主要原因是塑性变形量的增加而导致的表面粗化[3]。随着微流道模具型腔宽度增大，在相同成形载荷下 Cu/Ni 复层箔微流道的塑性变形程度增加，相邻晶粒之间转动量更大。因此，导致 Cu/Ni 复层箔微流道表面形貌变得更加粗糙。从图 7.44 中可以看出，坯料热处理温度相同时，

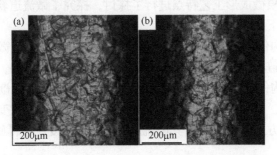

图 7.44 成形载荷为 20kN 时不同微流道宽度时微流道表面形貌图
(a) M1；(b) M2；(c) M3；(d) M4

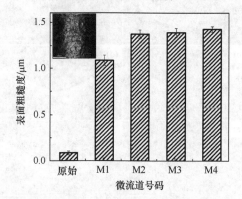

图 7.45 成形载荷为 20kN 时不同微流道宽度时微流道表面粗糙度

其晶粒尺寸大小基本一致，Cu/Ni 复层箔微流道表面的凸凹形貌大小类似，变形程度越大，微流道表面的凸凹形貌就越严重。

7.8 本 章 小 结

本章通过 Cu/Ni 复层箔微流道软模微成形实验，研究了工艺参数、材料参数和模具参数等对其成形质量的影响规律，从微流道构件成形深度、壁厚分布和表面粗糙度等方面对其成形质量进行表征，并从应力状态和微观组织相结合角度对复层箔微流道软模微成形工艺特点进行了探讨，探究了微流道软模微成形工艺机理。主要结论如下：

(1) 微流道构件成形深度随着成形载荷的增加而增加，且微流道表面粗糙度增加；同时微流道构件成形深度随着橡胶厚度的增加略有增加，但不明显。

(2) 微流道构件成形深度随着坯料热处理温度的升高而逐渐增加，表面粗糙度也会不断增大，且其最大壁厚减薄量也会增加，壁厚均匀性变差。相同成形条件下，坯料放置方式为 Ni-Cu 时其微流道构件成形深度比坯料放置方式为 Cu-Ni

时深，且其壁厚分布相对均匀，最大壁厚减薄率也较小。

(3) 相同成形条件下，微流道构件成形深度随着凹模表面粗糙度增大而逐渐降低，且易发生因材料流动困难而导致的破裂问题。微流道模具型腔宽度越小，微流道构件成形越困难，越易发生局部异常减薄破裂问题。

参 考 文 献

[1] Meng B, Fu M W. Size effect on deformation behavior and ductile fracture in microforming of pure copper sheets considering free surface roughening[J]. Materials & Design, 2015, 83: 400-412.

[2] Wang C J, Wang C J, Xu J, et al. Plastic deformation size effects in micro-compression of pure nickel with a few grains across diameter[J]. Materials Science & Engineering A, 2015, 636: 352-360.

[3] Justinger H, Hirt G. Estimation of grain size and grain orientation influence in microforming processes by Taylor factor considerations[J]. Journal of Materials Processing Technology, 2009, 209(4): 2111-2121.

第8章 铜/镍复层箔双极板软模微成形工艺研究

8.1 引　言

　　燃料电池是一种通过电化学反应直接把燃料中的化学能转化为电能和热能的装置，具有有害物质排放量极低、能量转化率高等优点。氢燃料电池作为燃料电池的一种，具有能量转化率高、低温启动、无污染等优点，在航空航天、汽车、分布式电源、潜艇等领域具有广阔的应用前景。氢燃料电池中的双极板起到集流导电、散热、支撑膜电极等多重功能，通常占电堆重量的70%～80%，成本的20%以上，是影响电池功率密度和制造成本的一个重要因素。本章以氢燃料电池金属双极板为研究对象，分析材料参数和工艺参数等对其成形规律和成形质量的影响，为实现金属双极板可控制造提供研究基础。

8.2　成形载荷对双极板成形质量的影响

　　金属双极板包含直流道和圆弧两大组成部分，两部分因结构差异在成形过程中其塑性变形程度不尽相同，双极板直流道部分类似第7章中微流道成形规律，而圆弧阶段变形更加困难。图8.1为采用D4模具、坯料放置方式为Ni-Cu、坯料热处理温度为750℃、橡胶厚度为10mm、成形载荷为0～40kN下获得的Cu/Ni复层箔双极板构件。Cu/Ni复层箔双极板构件测量截面和典型部位如图8.2所示。

　　通过光学数码显微镜观察获得的Cu/Ni复层箔双极板三维轮廓如图8.3所示。图8.4为不同成形载荷条件下Cu/Ni复层箔双极板A处截面轮廓及其相对成形深度。图8.5为其厚向截面图。Cu/Ni复层箔双极板在软模微成形过程中，两侧直流

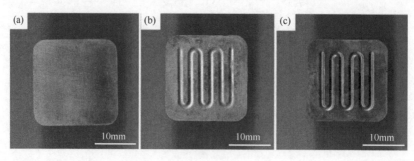

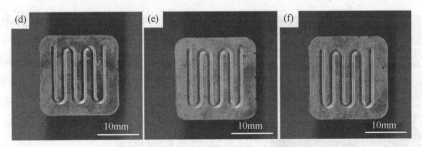

图 8.1　不同成形载荷时双极板零件
(a) 0kN；(b) 5kN；(c) 10kN；(d) 20kN；(e) 30kN；(f) 40kN

图 8.2　双极板测量截面和典型部位

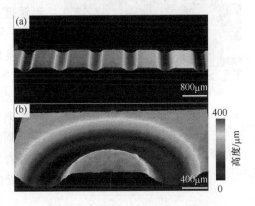

图 8.3　双极板不同位置三维轮廓图
(a) A 处；(b) 圆弧处

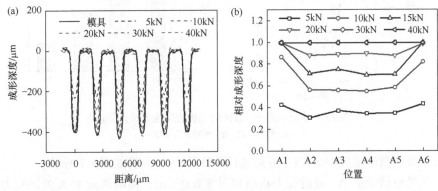

图 8.4　不同成形载荷时双极板 A 处成形情况
(a) 截面轮廓；(b) 相对成形深度

道部分(即 A1 和 A6 处)的微流道成形深度相对较大。当成形载荷达到 15kN 时，A1 和 A6 处微流道圆弧顶点基本贴合模具底部，然而此时中间 4 个直流道(即 A2、

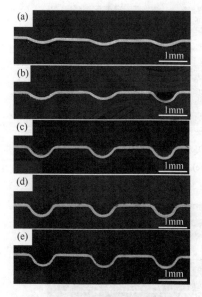

图 8.5 不同成形载荷时双极板 A 处
厚向截面

(a) 5kN；(b) 10kN；(c) 20kN；(d) 30kN；
(e) 40kN

A3、A4 和 A5)的成形深度相对较小，并未发生贴模现象(如图 8.5(c)所示)。随着成形载荷的不断增大，A1 和 A6 处微流道成形深度保持不变，进入完全贴模阶段，而中间 A2、A3、A4 和 A5 这 4 个直流道的成形深度不断增加，当成形载荷达到 30kN 时，这 4 个直流道也已全部贴合模具底部(如图 8.5(d)所示)。

在成形载荷为 15kN 时，A1 和圆弧 B、C、D 处的厚向截面轮廓如图 8.6(a)所示，其相对成形深度如图 8.6(b)所示。当成形载荷相同时，Cu/Ni 复层箔微流道 A1、B、C 和 D 四处的成形深度依次降低，Cu/Ni 复层箔微流道 B 点与 A1 点成形深度相差较小，而 Cu/Ni 复层箔微流道 B 点由于处于圆弧与直流道的过渡部分，所受约束比圆弧部分小，其成形深度大于圆弧部分。圆弧部分由于受力状态相似，材料所受流动阻力比较大，因此 Cu/Ni 复层箔微流道 C 和 D 两处的相对成形深度相对较小。

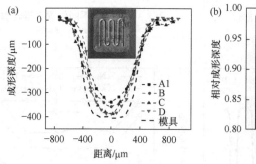

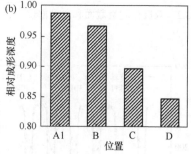

图 8.6 成形载荷为 15kN 时双极板圆弧处成形情况
(a) 截面轮廓；(b) 相对成形深度

双极板微流道典型部位(主要是 A1 和 D 处)受力分析如图 8.7 所示。

双极板微流道 A1 处的受力状态如图 8.7(a)所示，微流道截面 A 处的受力状态与 A1 处受力状态相似。A1～A6 这 6 处受力状态基本一致，但微流道 A1 与 A6 处的成形深度相较于微流道 A2～A5 处成形深度要深一些，其根本原因在于微流道 A1 与 A6 处材料受到流动阻力相对其他区域收到流动阻力相对较小而导致的。图 8.8 为 Cu/Ni 复层箔双极板零件，发现 A1 和 A6 两侧边缘位置有较为明显的板平面凹陷，这是在成形 A1 与 A6 处微流道补料产生的。

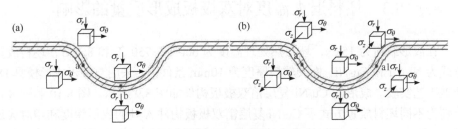

图 8.7　双极板典型部位受力分析
(a) A1 处；(b) D 处

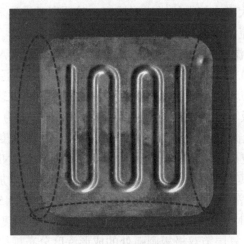

图 8.8　双极板零件

　　A1 处材料受力状态相对简单，主要承受环向拉应力、径向压应力，且轴向基本不受力，因此材料流动更容易，如图 8.7(a)所示[1]。而微流道圆弧处材料的受力状态比 A1 处复杂，如 D 处主要承受环向拉应力、径向压应力，同时轴向也承受应力作用。内外圆弧部分在 a 点、b 点和 a1 点(a 位置为内圆弧直壁部分，b 位置为流道底部，a1 位置为外圆弧直壁部分)均承受环向拉应力、径向压应力作用，但轴向内外圆弧部分承受应力状态不同。外圆弧的微流道部分往下其圆弧半径减小，材料之间存在相互压应力作用，导致 Cu/Ni 复层箔壁厚略有增加；而内圆弧的微流道部分其往下圆弧半径是增大的，材料之间存在相互拉应力作用，Cu/Ni复层箔的壁厚是减薄的，如图 8.7(b)所示。这种圆弧部分受力状态的差异使得沿着圆弧方向材料之间相互约束，协调变形复杂，材料流动困难，增加了其成形难度。C 处和 D 处的受力状态最复杂，受到的约束也最多，其材料塑性流动也最难，所以此处 Cu/Ni 复层箔微流道的成形深度是最小的。B 处受到的约束介于 A1 处和 C、D 处，其 Cu/Ni 复层箔微流道成形深度也是介于 A1 处和 C、D 处之间的。

8.3　坯料退火温度对双极板成形质量的影响

在成形载荷为 15kN，坯料热处理温度为 600℃、750℃ 和 850℃，坯料放置方式为 Ni-Cu 和 Cu-Ni，橡胶软模厚度为 10mm 条件下，采用双极板成形模具 D4 开展工艺实验。成形的 Cu/Ni 复层箔双极板构件如图 8.9 所示。图 8.10 和图 8.11 分别为不同坯料放置方式下 Cu/Ni 复层箔双极板构件 A 处的成形深度和相对成形深度，图 8.12 为不同坯料放置方式下 Cu/Ni 复层箔双极板微流道圆弧处的相对成形深度。从图 8.10 和图 8.11 中可以看出，Cu/Ni 复层箔双极板 A1 和 A6 处的微流道成形深度明显大于中间微流道成形深度，其原因是 A1 和 A6 处两侧 Cu/Ni 复层箔材料受到的流动约束较小，变形阻力较小，易于成形。在坯料放置方式为 Cu-Ni、坯料热处理温度为 600℃ 时，Cu/Ni 复层箔双极板 A 处的最大和最小相对成形深度分别为 0.92 和 0.66，而在 Cu/Ni 复层箔双极板圆弧 B、C 和 D 处其相对成形深度分别为 0.83、0.82 和 0.81。当 Cu/Ni 复层箔热处理温度为 850℃ 时，Cu/Ni 复层箔双极板 A 处的最大和最小相对成形深度分别为 0.96 和 0.68，而在 Cu/Ni 复层箔双极板微流道圆弧 B、C 和 D 处的相对成形深度分别为 0.90、0.87、0.86。发现 Cu/Ni 复层箔双极板微流道的成形深度随着 Cu/Ni 复层箔热处理温度增加而逐渐增加，其主要原因是 Cu/Ni 复层箔热处理温度增加导致材料变形抗力降低[2]。Cu/Ni 复层箔双极板微流道 A 处的位置 2、3、4 和 5 的微流道在坯料热处理温度为 750℃ 时其成形深度与 Cu/Ni 复层箔热处理温度为 850℃ 时相差不大。图 8.12 中 Cu/Ni 复层箔双极板圆弧处的成形深度分布规律亦是如此。当 Cu/Ni 复层箔放置方式为 Ni-Cu 时，在 Cu/Ni 复层箔双极板的 C 和 D 处，坯料热处理温度为 850℃ 时的微流道成形深度低于坯料热处理温度为 750℃ 时的微流道成形深度。

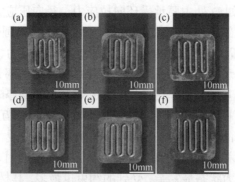

图 8.9　不同退火温度和放置方式下成形的复层箔双极板零件
(a) 600℃，Cu-Ni；(b) 750℃，Cu-Ni；(c) 850℃，Cu-Ni；
(d) 600℃，Ni-Cu；(e) 750℃，Ni-Cu；(f) 850℃，Ni-Cu

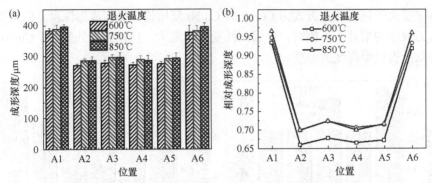

图 8.10　放置方式为 Cu-Ni 时双极板 A 处成形情况

(a) 成形深度；(b) 相对成形深度

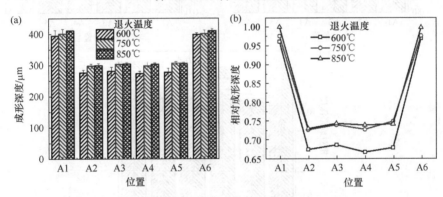

图 8.11　放置方式为 Ni-Cu 时双极板 A 处成形情况

(a) 成形深度；(b) 相对成形深度

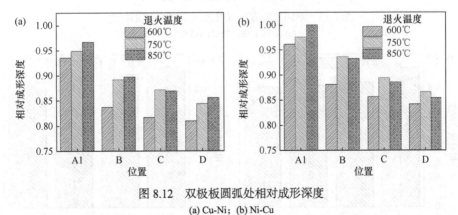

图 8.12　双极板圆弧处相对成形深度

(a) Cu-Ni；(b) Ni-Cu

　　Cu/Ni 复层箔双极板相对成形深度与坯料放置方式之间的关系如图 8.13 和图 8.14 所示。坯料放置方式对 Cu/Ni 复层箔双极板成形深度的影响规律与对微流道成形深度的影响规律基本一致，坯料放置方式为 Ni-Cu 时 Cu/Ni 复层箔双极板成形深度大于坯料放置方式为 Cu-Ni 时 Cu/Ni 复层箔双极板成形深度。因为当变形抗力较小的铜处于外侧时，外层塑性变形程度大，所以铜在外侧时，Cu/Ni 复层箔双极板成形深度大一些。

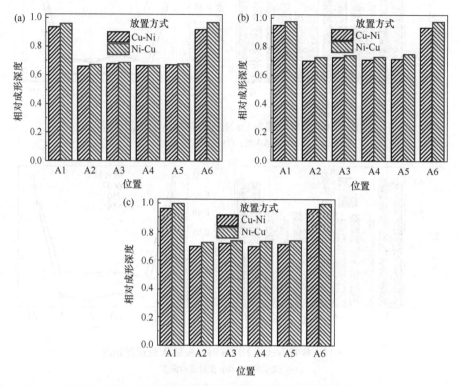

图 8.13 不同放置方式双极板 A 处相对成形深度

(a) 600℃；(b) 750℃；(c) 850℃

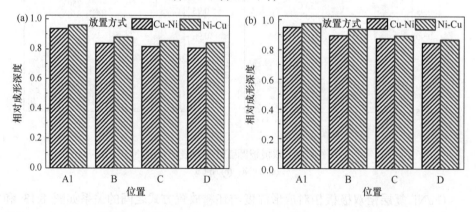

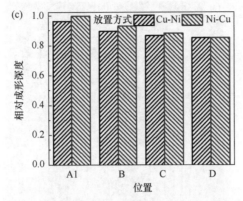

图 8.14　不同放置方式双极板圆弧处相对成形深度

(a) 600℃；(b) 750℃；(c) 850℃

8.4　润滑方式对双极板成形质量的影响

Cu/Ni 复层箔双极板软模微成形过程中，Cu/Ni 复层箔表面与橡胶和刚性凹模接触，两两接触界面存在摩擦，摩擦增大 Cu/Ni 复层箔塑性变形抗力及其成形能力。在塑性微成形中，出现明显"越小越强"摩擦尺度效应现象，导致介观尺度下摩擦对塑性变形的影响大于宏观尺度[3-5]。

本节在成形载荷为 10kN、聚氨酯橡胶厚度为 10mm、Cu/Ni 复层箔放置方式为 Cu-Ni、热处理温度为 750℃的条件下，研究了三种润滑方式(干摩擦、PE 薄膜润滑和油润滑)对 Cu/Ni 复层箔双极板成形规律的影响。不同润滑部位和不同润滑方式如表 8.1 所示。

表 8.1　不同润滑部位和润滑方式

实验序号	润滑部位	润滑方式
1	无	无
2	箔板上表面	油润滑
3	箔板上表面	PE 薄膜润滑
4	箔板下表面	油润滑
5	箔板下表面	PE 薄膜润滑

图 8.15 为不同摩擦润滑条件下获得的 Cu/Ni 复层箔双极板构件，其相对成形深度如图 8.16 和图 8.17 所示。

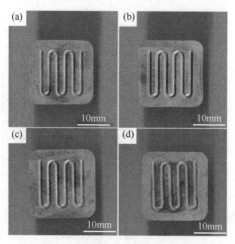

图 8.15 不同润滑方式双极板构件

(a) PE 薄膜润滑上表面；(b) PE 薄膜润滑下表面；(c) 油润滑上表面；(d) 油润滑下表面

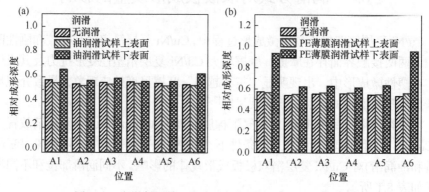

图 8.16 润滑复层箔上下表面双极板 A 处相对成形深度

(a) 油润滑；(b) PE 薄膜润滑

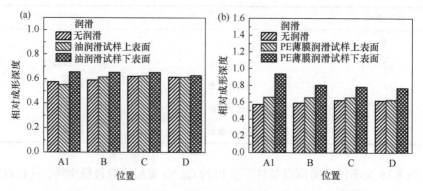

图 8.17 润滑复层箔上下表面双极板圆弧处相对成形深度

(a) 油润滑；(b) PE 薄膜润滑

从图 8.16 和图 8.17 中可以看出，当 Cu/Ni 复层箔上下表面采用润滑措施时，尤其是 Cu/Ni 复层箔下表面采取润滑措施时其对双极板的成形深度有较大影响。当 Cu/Ni 复层箔上表面采用 PE 薄膜润滑措施时，可提高 Cu/Ni 复层箔双极板的成形深度，然而当采用油润滑时却导致其成形深度有所下降。油润滑条件下导致橡胶与 Cu/Ni 复层箔上表面之间的摩擦力降低，使得橡胶施加在 Cu/Ni 复层箔向下的摩擦力降低，导致其成形能力降低。当 Cu/Ni 复层箔下表面采用油润滑或 PE 薄膜润滑时，Cu/Ni 复层箔双极板微流道成形深度都比无润滑条件下深度大，A1 和 A6 处的微流道成形深度表现更明显。在无润滑条件下，Cu/Ni 复层箔双极板微流道 A1 和 A6 处与其他区域的成形深度相差不大，因为此时微流道两侧的材料由于 Cu/Ni 复层箔下表面与凹模的摩擦力约束过大，导致其材料流动困难[4]。然而当 Cu/Ni 复层箔下表面采用油润滑或 PE 薄膜润滑时，Cu/Ni 复层箔双极板微流道的成形深度都会增加，尤其是对摩擦敏感性较大的微流道 A1 和 A6 处。分别采用油润滑和 PE 薄膜润滑 Cu/Ni 复层箔下表面时获得 Cu/Ni 复层箔双极板构件 A 处和圆弧处的相对成形深度如图 8.18 所示。当采用 PE 薄膜润滑时其成形效果明显优于采用油润滑的情况。由图 8.15(b)和(d)可以看到，当采用 PE 薄膜润滑时微流道结构成形比较完整，结构比较清晰，而当采用油润滑时则不太明显。在采用油润滑成形 Cu/Ni 复层箔双极板过程中，凹模型腔尺寸较小，润滑剂的分布均匀性不易控制，润滑剂分布的不均匀性导致其成形质量分布不均匀。

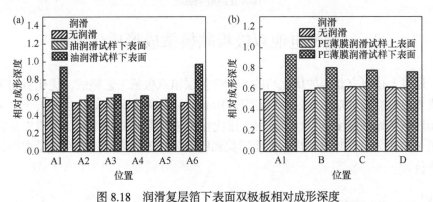

图 8.18　润滑复层箔下表面双极板相对成形深度
(a) A 处；(b) 圆弧处

8.5　保压时间对双极板成形质量的影响

在板材冲压成形过程中，材料同时发生弹性和塑性变形，卸载后塑性变形量保留下来，而弹性变形部分则会产生弹性恢复，即弹性回复。弹性回复现象会导致冲压件成形尺寸和形状精度的降低。当采用软模微成形工艺时，可有效抑制回弹，提高冲压件成形尺寸和形状精度。通过研究保压时间对双极板微流道成形深度的影响，分析保压时间对微流道成形深度的影响。在 Cu/Ni 复层箔热处理温度为 750℃、Cu/Ni 复层箔放置方式为 Cu-Ni、成形载荷为 10kN、聚氨酯橡胶软模厚度为 10mm 的条件下研究了保压时间(0min、5min 和 10min)对 Cu/Ni 复层箔双极板成形质量的影响。图 8.19 为 Cu/Ni 复层箔双极板微流道相对成形深度与保压时间之间的关系图。Cu/Ni 复层箔双极板相对成形深度随着保压时间的延长而逐渐增加。

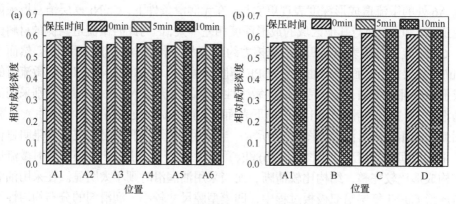

图 8.19　不同保压时间时双极板相对成形深度
(a) A 处；(b) 圆弧处

8.6　燃料电池双极板软模微成形质量评价

通过上述研究获得的优化后的 Cu/Ni 复层箔双极板工艺路线，优化后的工艺路线为成形载荷 40kN、橡胶软模厚度 10mm、PE 薄膜润滑 Cu/Ni 复层箔上下表面和坯料热处理温度 600℃。采用上述优化工艺获得的 Cu/Ni 复层箔双极板构件如图 8.20 所示。从尺寸精度、表面形貌和壁厚分布等角度对其成形质量进行分析与评价。

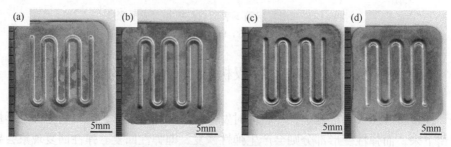

图 8.20　不同放置方式时双极板零件
(a) Cu-Ni 正面；(b) Ni-Cu 正面；(c) Cu-Ni 反面；(d) Ni-Cu 反面

8.6.1　尺寸精度分析

Cu/Ni 复层箔双极板构件尺寸精度评价主要包括微流道成形深度 h、微流道成形宽度 w、微流道外圆角半径 R、微流道内圆角半径 r 和模具斜度 α 等。图 8.21 为 Cu/Ni 复层箔双极板微流道 A 处厚向截面轮廓，表 8.2 为 Cu/Ni 复层箔双极板的尺寸参数测量结果。Cu/Ni 复层箔双极板轮廓与模具型腔轮廓基本重合，表明已基本完全贴模成形[5]。结合表 8.2，发现 Cu/Ni 复层箔双极板微流道的成形深度均达到了凹模深度。当采用坯料放置方式为 Cu-Ni 时，双极板微流道外圆角半径最大值和最小值分别为 314.6μm 和 248.5μm，内圆角半径最大值和最小值分别为 308.1μm 和 227.2μm，微流道两侧壁斜度最大值和最小值分别为 22.2°和 14.5°。上述参数的最大值均出现在 D 处，且微流道圆弧部分尺寸精度低于直流道部分。采用坯料放置方式为 Ni-Cu 时，双极板微流道外圆角半径最大值和最小值分别为 306.9μm 和 228.2μm，内圆角半径最大值和最小值分别为 334.7μm 和 215.8μm，微流道两侧壁斜度最大值和最小值分别为 19.0°和 14.7°，且微流道圆弧部分尺寸精度低于直流道部分。当采用坯料放置方式为 Ni-Cu 时 Cu/Ni 复层箔双极板成形精度高于采用坯料放置方式为 Cu-Ni 的情况。

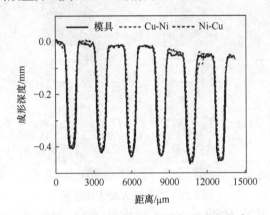

图 8.21　不同放置方式双极板 A 处截面轮廓

表 8.2　双极板尺寸精度分析测量结果

测量位置	h/μm	w/μm	R/μm	r/μm	α/(°)
A1(Cu-Ni)	0.4	1247.4	248.5	227.2	14.5
A2(Cu-Ni)	0.4	1197.3	238.1	270.9	15.1
A3(Cu-Ni)	0.4	1317.7	257.2	256.9	17.5
D(Cu-Ni)	0.4	1295.5	314.6	308.1	22.2
A1(Ni-Cu)	0.4	1297.6	276.3	215.8	16.3
A2(Ni-Cu)	0.4	1250.8	228.2	247.2	19.0

续表

测量位置	$h/\mu m$	$w/\mu m$	$R/\mu m$	$r/\mu m$	$\alpha/(°)$
A3(Ni-Cu)	0.4	1264.1	259.4	262.8	14.7
D(Ni-Cu)	0.4	1336.7	306.9	334.7	18.8
模具	0.4	1140.0	200.0	150.0	10

8.6.2 表面形貌分析

图 8.22 和图 8.23 分别为 Cu/Ni 复层箔双极板 A 处和圆弧处微流道底部外轮廓表面形貌图，图 8.24 为相应位置的表面粗糙度。从图 8.22 和图 8.23 中可以看出，无论采用何种坯料放置方式，Cu/Ni 复层箔双极板微流道底部外侧均与凹模底部接触，在橡胶软模和凹模复合加压作用下，微流道底部外侧表面成形过程中

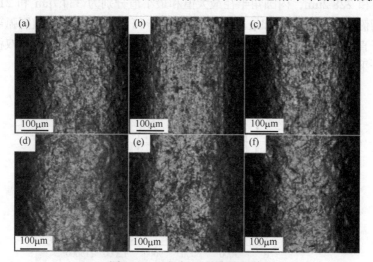

图 8.22　双极板 A 处表面形貌

(a) A1，Cu-Ni；(b) A2，Cu-Ni；(c) A3，Cu-Ni；(d) A1，Ni-Cu；(e) A2，Ni-Cu；(f) A3，Ni-Cu

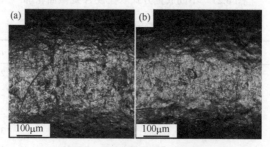

图 8.23　双极板圆弧处表面形貌

(a) D，Cu-Ni；(b) D，Ni-Cu

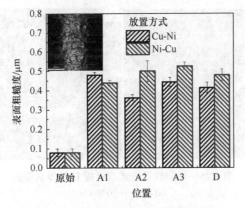

图 8.24　双极板不同位置表面粗糙度

形成的凹坑被再次压平，底部表面重新恢复平整。从整体上来看，Cu/Ni 复层箔双极板成形后各部分表面粗糙度相差不大，成形的 Cu/Ni 复层箔双极板构件表面质量较好。

8.6.3　壁厚减薄分析

图 8.25 和图 8.26 分别为 Cu/Ni 复层箔双极板构件 A1、A2、A3 和 D 四个流道厚向截面图。图 8.27 为 Cu/Ni 复层箔双极板相应位置的壁厚减薄率分布情况。从图 8.25 可以看出，微流道 A2 和 A3 外圆角附近材料壁厚减薄较为严重，尤其是采用坯料放置方式为 Cu-Ni 时。从图 8.27 中可以看出，当坯料放置方式为 Cu-Ni时，Cu/Ni 复层箔双极板微流道外圆角附近材料壁厚减薄较为严重，微流道 A2外圆角附近材料壁厚减薄率达到了 37.4%。而当坯料放置方式为 Ni-Cu 时，Cu/Ni复层箔双极板微流道壁厚分布较均匀，整体壁厚减薄率也小于坯料放置方式为Cu-Ni 的情况，其最大减薄率为 31.2%，位于微流道 D 内圆弧附近。对于微流道D 圆弧附近而言，其左侧和右侧壁厚减薄率相差较大。当坯料放置方式为 Cu-Ni时，2 处的壁厚减薄率为 23.2%，而 8 处的壁厚减薄率为 34.9%，这由圆弧内外侧

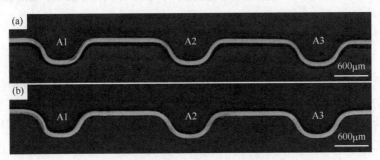

图 8.25　不同放置方式双极板 A 处厚向截面

(a) Cu-Ni；(b) Ni-Cu

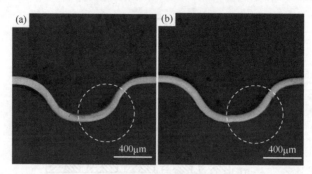

图 8.26　不同放置方式双极板 D 处厚向截面

(a) Cu-Ni；(b) Ni-Cu

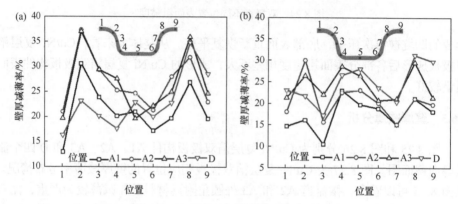

图 8.27　双极板不同位置壁厚减薄情况

(a) Cu-Ni；(b) Ni-Cu

受力状态不同引起的。外圆弧部分轴向承受压应力，导致 Cu/Ni 复层箔该部分壁厚增加，而内圆弧轴向承受拉应力，导致 Cu/Ni 复层箔该部分壁厚减薄加剧。微流道 D 的内圆弧属于难变形区(图 8.26 中圆圈标记部分)，内圆弧部分的内圆角与外圆弧的内圆角处相比，尺寸精度差别较大[6]。整体上来说，当采用坯料放置方式为 Ni-Cu 时，Cu/Ni 复层箔双极板壁厚分布均匀，减薄较小，成形质量较好。

8.7　本章小结

本章通过 Cu/Ni 复层箔双极板软模微成形实验，研究了工艺参数和材料参数等对 Cu/Ni 复层箔双极板成形质量的影响规律及其产生机理。在此基础上，通过优化后的工艺路线制造了高质量的 Cu/Ni 复层金属双极板。主要结论如下：

(1) Cu/Ni复层箔双极板因有圆滑流道的存在导致其成形过程有别于直流道的成形过程，各部位塑性成形能力差异较大，导致其贴模不一致。当成形载荷相同时，微流道 A1 的成形深度最大，也是最先贴模的位置，这与微流道 A1 在塑性变形过程中易于补料有关。

(2) Cu/Ni 复层箔双极板成形深度随着坯料热处理温度增加而增加；当采用坯料放置方式为 Ni-Cu 时其成形深度明显优于采用坯料放置方式为 Cu-Ni 的情况。Cu/Ni 复层箔下表面进行润滑处理可提高双极板微流道成形深度，同时 PE 薄膜润滑效果明显优于油润滑。

(3) 优化的 Cu/Ni 复层箔双极板软模微成形工艺路线为成形载荷 40kN，橡胶软模厚度 10mm，PE 薄膜润滑 Cu/Ni 复层箔上下表面，坯料热处理温度 600℃。采用上述优化工艺获得了高质量的 Cu/Ni 复层箔双极板构件。

参 考 文 献

[1] Lee S J, Lee C Y, Yang K T, et al. Simulation and fabrication of micro-scaled flow channels for metallic bipolar plates by the electrochemical micro-machining process[J]. Journal of Power Sources, 2008, 185(2): 1115-1121.

[2] Dawson R J, Patel A J, Rennie A E W, et al. An investigation into the use of additive manufacture for the production of metallic bipolar plates for polymer electrolyte fuel cell stacks[J]. Journal of Applied Electrochemistry, 2015, 45(7): 1-9.

[3] 吴俊峰, 王勾, 朱凯, 等. 微型燃料电池 304 不锈钢双极板累积成形研究[J]. 锻压技术, 2014, 39(4): 47-50.

[4] 张波. 不锈钢/铝/不锈钢三层复合板的实验研究[D]. 沈阳: 东北大学, 2004.

[5] 李民权. 钢/铝复合板变形规律和性能的研究[D]. 长沙: 湖南大学, 2009.

[6] Morovvati M R, Mollaei-Dariani B, Asadian-Ardakani M H. A theoretical, numerical, and experimental investigation of plastic wrinkling of circular two-layer sheet metal in the deep drawing[J]. Journal of Materials Processing Technology, 2010, 210(13): 1738-1747.

编 后 记

　　"博士后文库"是汇集自然科学领域博士后研究人员优秀学术成果的系列丛书。"博士后文库"致力于打造专属于博士后学术创新的旗舰品牌，营造博士后百花齐放的学术氛围，提升博士后优秀成果的学术影响力和社会影响力。

　　"博士后文库"出版资助工作开展以来，得到了全国博士后管委会办公室、中国博士后科学基金会、中国科学院、科学出版社等有关单位领导的大力支持，众多热心博士后事业的专家学者给予积极的建议，工作人员做了大量艰苦细致的工作。在此，我们一并表示感谢！

"博士后文库"编委会